职业资格培训教材

QINGJIE GUANLISHI

清洁管理师

（初级　中级）

张雅菊　主编
冯亚君　主审

U0338287

中国劳动社会保障出版社

图书在版编目（CIP）数据

清洁管理师：初级 中级/张雅菊主编. —北京：中国劳动社会保障出版社，2016
职业资格培训教材
ISBN 978 – 7 – 5167 – 2569 – 6

Ⅰ. ①清… Ⅱ. ①张… Ⅲ. ①清洁卫生 – 商业服务 – 技术培训 – 教材 Ⅳ. ①TS974

中国版本图书馆 CIP 数据核字（2016）第 099391 号

中国劳动社会保障出版社出版发行

（北京市惠新东街 1 号 邮政编码：100029）

*

三河市华骏印务包装有限公司印刷装订 新华书店经销

787 毫米 × 1092 毫米 16 开本 16.5 印张 295 千字
2016 年 5 月第 1 版 2016 年 5 月第 1 次印刷
定价：42.00 元

读者服务部电话：（010）64929211/64921644/84626437
营销部电话：（010）64961894
出版社网址：http://www.class.com.cn

序 言

没有清洁健康的环境，就没有健康的身体。人们生病有很多原因，其中很多疾病就是由于不干净、不健康的环境导致的。从这个意义上来说，"清洁"是一种更为根本、更为主动的"保健"。

但是，长久以来"清洁"没有得到人们的重视和社会的认可。根据某些社会学"职业声望"的调研，在大众的眼光中，清洁行业及其从业者属于"颜值"较低的行业，如果让人们从"保健医务人员"和"清洁工作人员"两份工作中选择一个，大多数人会选择前者。

从人类生活的需要、从工作本身的技术含量、从行业对于社会发展的贡献来说，清洁与保健完全可以"平起平坐"。从行业的发展前景来说，我甚至觉得清洁比保健有更好的成长空间。清洁与保健其实都是在做健康管理的事情，保健提供的是健康人体管理，清洁提供的是健康环境管理。清洁与保健可以"平起平坐"，一方面是因为两者对于人类的健康和幸福同等重要，另一方面是因为两者都需要专业技术和专门人才，清洁员与保健员一样需要专门的培训。

现在让我们回顾一下"保健—治病"的发展历史，来展望"清洁—治污"的发展前景。

在古代社会，"保健—治病"曾处于原始状态，人们以最朴素的观念和行为来对待健康与疾病，平时的保健基本等同于"保重"——多吃一点、保持体重就算健康了，而治病也采用相当简陋的方法，如就地取材的中草药，再加上有些神秘色彩的巫术。现代医学的发展彻底改变了这种局面：人类投入大量的人力、物力、财力来研究疾病、开发新药、培训医务工作者，医生也成为一个需要系统的长期训练，需要严格的资格考试和资质管理，同时也拥有很好的社会地位和经济地位的职业。

相对而言，与"保健—治病"同样重要的"清洁—治污"却远远落后了。在某种程度上，清洁行业还处于相当原始的状态：最常用的还是最原始的工具——抹布与扫帚；观念上也相当原始，即去污就是去掉明显可见的灰尘和污渍。其实，从科学的角度来看，与可见的灰尘和污渍相比，无形的细菌、病毒是更加可怕和顽固的污染，人们却往往认识不到其危害性。在医药行业，负责任的厂家都会标注药品的副作用，但是在洗衣粉、洗手液、洗涤灵等清洁剂上面，我们往往看不到类似的说明。在医疗过程中，诊断准确、对症下药是治疗的基本原则。以此类推，"清洁—治污"过程中也需要区分污染物的种类，搞清楚污染源的情况，并采用有针对性的治理方案，但是能够这样做的清洁公司又有几家呢？

更加重要的是，"清洁—治污"其实比"保健—治病"更复杂。"保健—治病"往往以个体为单位，一个病人康复了，就算圆满。"清洁—治污"则是一项系统工程，一个地方打扫干净了，很可能带来更大范围的污染。例如，用去污力很强的化学制品清洗掉地毯上的污渍之后，却可能将对人体有害的物质残留在地毯上或空气中，治污变成了致污。从更大范围来看，某个局部清洗干净了，污水却流入了河流、渗透到地下。因此，"清洁—治污"行业特别需要综合治理和全面质量管理。

基于上述对"清洁—治污"行业的新认识，结论就非常明确了：这个行业迫切需要转型升级，需要通过提升自己的专业水平来提升行业的社会地位。清洁管理师的培训恰逢其时，是利国利民的大好事。

我浏览了本教材的初稿，可以看到编者将现代管理的理念和方法带入了清洁行业。全书内容全面，结构严谨，相信能够给从业者带来很多新观念、新方法。

最后，我想说一句类似口号的话，作为序言的结尾：大家一起努力，开创清洁与保健"平起平坐"的新时代！

彭泗清
北京大学光华管理学院博士生导师

前　言

清洁行业的发展过程是中国经济发展和人民生活水平提高的过程，也是清洁行业核心技术建立的过程和技术人才成长的过程。在这个发展过程中形成了一批清洁行业独有的专利技术，也培养了一批专业技术人才。

随着清洁行业的日益壮大，需要形成完善的专业技术体系和更多的专业技术人才。基于这一发展需求，北京清洁行业协会、北京即知行培训学校，以及清洁行业的专家学者组成了"CETTIC 清洁行业系列教材编委会"，着手编撰"清洁管理师""清洁技师""安全督导师""设备维保师"四个工种的职业资格培训教材。

在各地方协会的高度重视和大力支持下，经编写人员的辛勤努力，首先完成了《职业资格培训教材——清洁管理师（初级　中级）》的编写工作。该教材的出版意义重大：

1. 通过教材的编写，锻炼和培养了一批中国清洁行业专业核心技术的领军人才，其中部分优秀人员具备了本专业培训师资质。

2. 为开展清洁行业从业人员岗位技术和操作技能培训提供了系统化的培训教材。

3. 通过培训取得等级证书，为清洁行业从业人员设置了清晰的职业晋升通道，为薪酬改革提供了依据。

4. 形成了清洁行业专业知识和核心技术的系统积累、规范应用、传承与分享。

5. 填补了中国清洁行业技术培训教材的一项空白。

本教材凝聚了多年来清洁行业专业技术骨干、安全生产和人力资源管理等人员的心血与汗水，也得到了基层主要操作骨干的积极参与和帮助。在此对参与该教材出版工作的人员所体现出的高度责任感、奉献精神和专业知识能力表示衷心的敬意和感谢，希望本教材能对清洁行业从业人员的培训有所裨益。

本教材主编张雅菊，副主编张京辉、翟佳梁，主审冯亚君。第一单元由张雅菊、翟佳梁编写，第二单元由翟佳梁编写，第三单元由张闵、赵晨阳编写，第四单元由张闵、张龙宝、赵晨阳编写，第五单元由封黎明、张雅菊编写，第六单元由方建革编写，第七单元由刘刚、李明杰、罗辑编写，第八单元由罗辑、王炳忠、黄德明、田亚、李明杰、张京辉、陈志林、戴云编写，第九单元由瞿虹编写，第十单元由瞿虹、张京辉编写，第十一单元由霍晓力、张永红、张京辉编写。

　　由于时间紧迫，教材中的疏漏和不足之处在所难免，敬请各位同行和广大读者提出宝贵意见。

张雅菊

2016 年 3 月于北京

目　录

CONTENTS

第一单元　清洁服务行业概述

第一节　清洁服务概述

清洁是将身体表面、物体表面以及环境中的污染物和不受欢迎的物质（污垢）去除的一种行为，以减少对人体健康和表面材料的损坏和伤害。

清洁包含清洗过程和清洁结果两部分，过程要安全，结果要干净。

清洁服务是指专业清洗人员使用清洁工具、设备和清洁剂对清洁对象进行的清洗和消毒服务，以达到环境清洁、杀菌防腐、物品保养的目的。

清洁对象包括建筑物、办公用品和家庭用品等。

一、清洁服务的范围

清洁服务的范围分为建筑物清洁服务和其他清洁服务两大类。

1. 建筑物清洁服务

建筑物清洁服务是指对建筑物内外墙、地面、天花板、烟囱及烟道等的清洁活动。

随着我国经济的高速发展，城市化的进程进一步加快，更多城市建筑的出现，建筑物污染问题日益突出，其中最为突出的是建筑物的外墙和建筑物的内部装修与装饰的污染。建筑物外墙常年经受风吹日晒产生自然风化，大气中的各种尘埃附着在建筑物的外表，许多腐蚀性物质的直接作用也使建筑物外表遭到污染及破坏，失去了原有的风采，极大地影响了建筑物的美观。同时，随着建筑物内部装修、装饰向高档化、复杂化、人性化方向发展，大量昂贵的装饰材料和配套设施得以广泛应用，但由于清洁工作不到位，造成了这些装饰被污染，发生老化等现象。

无论是建筑物外部还是内部，都是传统清洁方式所不能满足的，都需要专业的清洁服务。

2. 其他清洁服务

其他清洁服务是指专业清洗人员为企业的机器、办公设备等的清洁活动，还包括为居民的日用品、器具及设备的清洁活动。

二、清洁服务的原则

1．及时清洁

发现污垢后，在最短的时间内进行清洁。如地面上的遗撒物，首先发现的清洗人员必须马上做清除处理，防止遗撒物扩散或对人员安全构成隐患。

2．定时清洁

在时间和条件可控前提下，对清洁对象进行定时清洁。如不同区域的地毯，要制定不同的清洁周期，清洁时间一到，要按计划保质保量地清洗干净。

3．有效去除

在保证安全的前提下，有效去除污垢，不能遗留问题。如地毯上洒的茶、红酒，清洗人员必须采用正确方法清除，不能留有印记。

4．对物无损

进行有效的清洁时，要注意保证清洁对象及环境不受到破坏。如大理石上有污垢，清洗人员必须用适合的清洁设备和清洁剂进行清洁，不能对大理石造成损坏。

三、清洁对象的分类

清洁对象的分类见表1—1。

表 1—1 清洁对象的分类

类型	清洁对象
无机非金属	玻璃、陶瓷、石材、水泥、人造大理石等
金属	铜制品、不锈钢制品、镀钛制品、镀铬制品、铝制品等
有机非金属	木制品、皮革制品、纺织品、塑料制品、纸制品等

四、污垢

污垢附着在固体表面和基材内部（如织物的纤维间），成为一种不受欢迎的沉积物。清洁服务的目的是清除清洁对象上的污垢，污垢的来源主要包括人类生活、工作环境中产生的污垢和自然环境产生的污垢。如人体分泌物；人们生活过程中产生的污垢，如菜汤、果汁、咖啡等；人们工作过程中产生的污垢，如水泥、沥青、涂料等。

1．污垢的分类

污垢的分类见表1—2。

表 1—2　　　　　　　　　　　　　　　　污垢的分类

类型	典型污垢
水溶性污垢	血渍、汗渍、果汁等
油溶性污垢	动植物油、矿物油、脂肪酸、胶、沥青、口红、漆、圆珠笔油等
固体污垢	尘埃、泥土、烟灰、水泥、金属、金属氧化物、石灰等

2．污垢的分级

污垢按照数量、与清洁对象结合的牢固度以及清洁难度分级，一般分为轻度、中度和重度。

（1）轻度。轻度的污垢大多是灰尘，一般飘浮在空气中，并飘落附着在物体表面。灰尘的颗粒细小，其成分并不复杂，但来源广泛。如空气中的尘埃，落在物体表面的灰，人的毛发、肤屑，物体表面分散的微粒、纤维、沙砾等。这些残留物影响了物体表面的光泽，使物体变得灰暗，散发出霉味，还会滋生虫害，损坏建筑物装饰表面的材料，对生活环境造成破坏。轻度污垢采用日常的清洁方式即可清除。

（2）中度。中度的污垢由多种成分的灰尘与水、油等混合组成，附着在物体表面而形成一定范围的污渍。如果不及时清除，就会长期顽固地留存，使物体受到严重污损。中度污垢与清洁对象之间具有一定的分子间力。

（3）重度。重度的污垢成分越来越复杂。污垢主要由水基混合物或油基混合物或两者兼有形成。重度污垢的危害要远远高于中度和轻度，如果不及时采取正确清洁方法清除，就会在物体表面留下永久印迹。

3. 污垢的附着与脱落

人们在实践中发现，污垢与清洁对象之间存在着各种大小不同的结合力，归纳起来主要有机械附着、分子间相互引力、化学结合与化学吸附三种情况。

（1）机械附着。主要是指固体污垢随着空气的流动而散落在清洁对象上，或污垢与清洁对象直接摩擦，机械地黏附在清洁对象的细小孔道中。这种污垢用搅动、振荡或搓擦等机械的方法就可以除去，但颗粒小于 0.1 微米的微粒就难以除去。

（2）分子间相互引力。分子间的相互引力是造成污垢附着清洁对象的主要因素。污垢颗粒带有不同电荷时，黏附就更强烈。

（3）化学结合与化学吸附。真正与清洁对象起化学作用的污垢不多，果计、墨汁、丹宁、血污垢、铁锈等都能与清洁对象形成稳定的结合，需用特殊的化学方法才能除去。

大多数情况下，化学结合形成的色斑属于化学吸附，如黏性及其他极性污垢能吸附氢氧离子和氢离子，形成氢键；脂肪酸、蛋白质等污垢可以通过氢键或离子结合与清洁对象连接在一起。

污垢与清洁对象附着的牢固程度，除上面三种基本情况外，还会因外界条件的变化而受到影响，如干燥、潮湿程度对污垢附着在织物纤维上的牢固程度有影购。干燥的污垢一般不易渗入纤维内部，易除去；潮湿的污垢有可能借毛细管作用把固体粒子带到纤维束中，附着更牢固些。

从上面的分析可见，污垢黏附清洁对象是受各种结合力支配的，关键是吸引力。要使污垢与清洁对象有效分离，应从消除和降低两者之间的引力入手。如果清洁剂选用正确的话，就可以起到破坏和降低污垢与清洁对象结合力的作用。

五、清洁服务"四二一"

要做好清洁服务，需要掌握"四二一"，即清洁四要素、清洁双原理以及人的影响力。

1. 清洁四要素

清洁四要素为最大限度分离污垢提供基础，每个要素都能促进污垢的清除。

如图1—1所示，清洁四要素指的是物理力、化学力、温度和时间。

（1）物理力。物理力就是人工、工具或设备产生的力量，包括摩擦力、冲击力、离心力和高压蒸汽等。物理力的作用，一是用于搅拌清洁剂，二是使污垢与清洁对象分离。

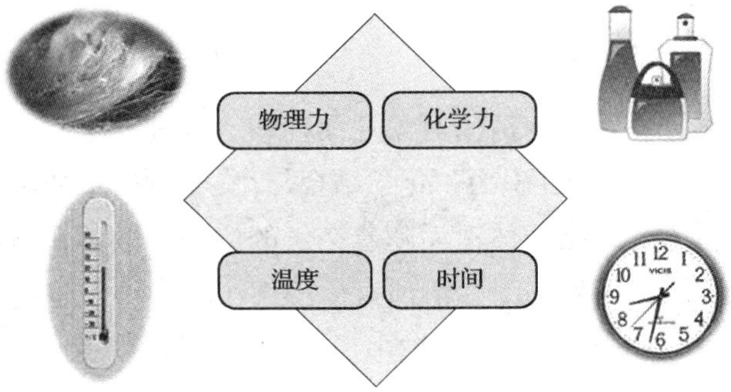

图 1—1　清洁四要素

物理力的强弱影响清洁程度，施用物理力的同时还应考虑清洁对象的易损情况。

（2）化学力。化学力是指清洁剂的清洁能力，通过清洁剂的润湿、乳化、增溶、分解、溶解及氧化还原反应，达到将污垢与清洁对象分离的作用。

优质、环保的清洁剂的目标是用最小的量达到最佳的清洁效果，以期减少对环境的影响。

（3）温度。温度升高可加速化学反应，从而使清洁剂的作用更加有效。从理论上讲温度越高去污效果越好，但在实际清洁服务中往往需要根据不同情况合理控制温度。

（4）时间。时间指的是清洁剂在清洁对象上作用的时间。

清洁的时间直接影响清洁效果和成本。在一定的温度下，清洁剂的清洁作用需要一定的时间才能完成。一般情况下，清洁时间越长，去除污垢效果越好，但清洁效率也越低。所以清洁工作要注意把控最佳时间。

清洁时间的把控除了要考虑清洁剂因素，还要考虑清洁对象的结构、染色牢固度、污垢的污染程度以及磨损程度等因素。

2. 清洁双原理

清洁双原理指的是污垢分离原理和污垢清除原理。

（1）污垢分离原理。污垢分离就是将污垢从清洁对象的表面分离，均匀地分散在溶液里，为最终清除污垢做准备。

（2）污垢清除原理。一旦污垢从清洁对象上分离，必须要将其清除。

3. 人的影响力

人是清洁中最重要的影响力。无论是清洁行业的从业者，还是清洁产品的使用者，都是清洁的影响者。人产生的影响力可大可小，可正可负。人选择的清洁方式（产品）、工作态度等都会对清洁效果产生决定性的影响。提高从业人员素质，加强管理水平是做好清洁工作的重中之重。

第二节　清洁服务业的地位与作用

一、清洁服务业的分类标准

《国民经济行业分类》（GB/T 4754—2011）对产业进行了划分，如图 1—2 所示。

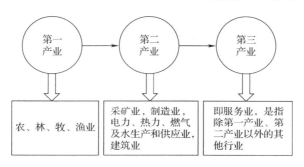

图 1—2　行业分类

服务业是一个国家和谐运转的关键性行业之一，随着国民经济的迅猛发展，我国服务业已经成为支柱性产业，在国民经济中所占的比例越来越大。

清洁服务从伴随社会发展这个大属性来说，以产业定位进入社会服务领域的时间不过才 30 多年的历史，但这项服务能够以行业的形式被载入中国服务业行列，标志着中国社会服务产业的进一步完善和发展。

《国民经济行业分类》在 O 类"居民服务、修理和其他服务业"中，第 811 款对清洁服务、建筑物清洁服务、其他清洁服务都给出了明确的定义。具体见表 1—3。

表 1—3　　　　　　　　国民经济行业分类（节选）

类别及编号			名称	内容
O			居民服务、修理和其他服务业	本门类包括 79 ~ 81 大类
	79		居民服务业	
	80		机动车、电子产品和日用产品修理业	
	81		其他服务业	

续表

类别及编号			名称	内容
	811		清洁服务	指对建筑物、办公用品、家庭用品的清洗和消毒服务，包括专业公司和个人提供的清洗服务
		8111	建筑物清洁服务	指对建筑物内外墙、玻璃幕墙、地面、天花板及烟囱的清洗活动
		8119	其他清洁服务	指专业清洗人员为企业的机器、办公设备的清洗活动，以及为居民的日用品、器具及设备的清洗活动，包括清扫、消毒等服务
	819	8190	其他未列明服务业	

　　从上述定义中可以看出，清洁服务行业中最核心的内容为清洗和消毒。这是对清洁服务行业的权威注解，也是清洁服务业的根本属性。

二、清洁服务业在国民经济中的地位

　　当今，人们更多地关注着现代商业的发展，而忽略了清洁服务业的支撑。当今的商品消费已经与环境消费成为"姊妹"，人们在满足日益增长的物质文化消费需求的同时，已经悄然地将环境消费捆绑其中，如社区环境、居住环境、购物环境、餐饮环境、办公环境、医疗环境、体育赛事环境、文艺演出环境等，凡此种种已经成为人们常说的生活环境了。以上这些对环境的看法，从显性意义上告诉人们，社会生活中的环境建设与维护，已经成为无法回避的话题。

　　正因为如此，一切商业活动的实体环境已经成为商业化社会各类活动的绝对附加值，并形成时尚、品牌等有形的成果展现在世人面前。一流的设计、一流的服务、一流的价格、一流的环境，已经成为商业巨子们口传心授的生意经。任何企业的商业市场定位，无不把环境建设与维护纳入其中。环境的创造与维护，已经升华为精神层面的消费。如此的商业创设模式，从隐性意义上告诉我们，清洁服务与社会所有商业活动相得益彰地融合在一起，成为现代生活方式的必然产物、成为人们日益增长的物质文化需求的重要组成。

　　在社会发展中我们也发现，许多人对清洁工作还停留在"清洁服务工作只作为商业行为附属品"的认识上。据此也认为没有本事的人才做清洁服务工作，造成清洁工作被人看不起，保洁员被人看不起，致使从业人员的社会责任与社会地位难以匹配，甚至让员工产生强烈的自卑感。

要正确看待并解决这些问题，一方面需要行业协会努力工作，为清洁服务企业创造良好的社会生存环境；另一方面，作为清洁服务企业，也必须从思想上调整认识，树立正确的价值观，坚定清洁服务业与社会各行业同步发展的信念，才能把握住当今社会的机遇与挑战，才能率先从困境中走出来。

综上，清洁服务业有着传统服务业无法比拟的特殊功能和重要地位，一旦清洁服务工作的发展受到阻碍，整个社会都将受到影响。

因此，加快发展中国清洁服务产业，有利于构建社会主义和谐社会，维护社会稳定；有利于促进国民经济增长，加强国际竞争力；有利于解决就业问题，保持可持续发展；有利于提升环境建设水准，提高人民物质文化生活水平。

第三节　清洁服务的特点及分类

清洁服务是融入我国各行各业的专业性服务工作，其目的就是实现经济、社会和环境效益的统一。

清洁服务是一项系统工程，一方面通过清洁服务，能够减轻或消除对人类健康和环境的危害；另一方面通过清洁服务，让清洁对象保值增值，提高企业的综合效益。

开展清洁服务的本质在于污染预防和全过程控制。通过清洁服务，促使公众对服务项目的支持，让受益企业或项目提高市场竞争力，并产生不可估量的经济、社会和环境效益。

清洁服务强调提高企业的管理水平，提高包括管理人员、技术人员、清洗人员在内的所有员工在服务意识、环境意识、管理意识、技术水平、经济观念、职业道德等方面的素养，树立企业良好的社会形象，促进企业提高市场竞争力。

一、清洁服务的特点

清洁服务对于国民经济建设和百姓和谐生活都起着至关重要的作用，清洁服务是污染预防的重要措施之一，是实现可持续性发展的环境战略。其主要特点如下：

1．预防性

传统的末端治理与服务过程相脱节，即"先污染，后治理"。清洁服务是从源头抓起，实行服务全过程控制，尽最大可能减少乃至消除污染物的产生，其实质是污染预防。

2．综合性

清洁服务的措施是综合性的预防措施，包括服务结构、技术进步和完善管理等方面内容。

3．统一性

传统的末端治理投入多、治理难度大、运行成本高，经济效益与环境效益不能有机结合。清洁服务最大限度地利用有效服务资源，将污染物消除在服务过程之中，不仅使环境状况从根本上得到改善，而且让能源、原材料和服务成本降低，经济效益提高，竞争力增强，能够实现经济效益与环境效益相统一。

4．持续性

清洁是个持续不断的过程，只有方向，没有终点。随着科学技术和管理水平的不断创新，清洁服务质量总会有更高的目标。

二、清洁服务的分类

清洁服务业的分类是一项基础性工作。任何清洁服务需求的提出、专业公司提供的服务、专业设备设施的研发销售，都离不开对行业分类的研究。

目前的清洁服务市场，因对清洁服务对象把握的角度不同，其分类方法也不尽相同。但不管如何分类，都是从便于服务对象管理的角度去划分，这样有利于项目的设计和服务的执行。

从便于服务对象管理的角度出发，清洁服务可按如下方法进行分类：

1. 按照社会服务的形态分类

按照社会服务的形态分类，清洁服务可分为商业清洁服务、工业清洁服务、家庭清洁服务和专项清洁服务，如图1—3所示。

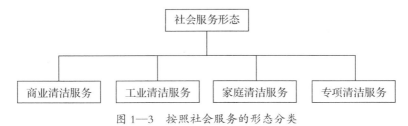

图1—3　按照社会服务的形态分类

（1）商业清洁服务。商业清洁服务指的是针对楼宇建筑的清洁服务，如生活社区（住宅小区、别墅区）、楼宇（办公楼、写字楼、商场、酒店、学校、医院）、公共交通设施（机场、火车站、客运站）、各类场馆（博物馆、影剧院、体育场馆、图书馆）等，如图1—4所示。

a）

b）

c）

图1—4　商业清洁服务

a）生活社区　b）商场　c）酒店

（2）工业清洁服务。工业清洁服务指的是针对工矿企业的清洁服务，如石化企业、汽车制造企业和机加工企业等，如图1—5所示。

a）

b）

图1—5　工业清洁服务

a）汽车制造企业　b）机加工企业

（3）家庭清洁服务。家庭清洁服务指的是针对个人生活空间的清洁服务，如卧室、客厅、厨房、卫生间、楼梯及储物间等，如图1—6所示。

图1—6　家庭清洁服务

（4）专项清洁服务。专项清洁服务是针对社会的特殊清洁服务项目，如洗衣、洗车服务等，如图1—7所示。

a）

b）

图1—7　专项清洁服务

a）洗衣服务　b）洗车服务

当然，这些分类的背后有许多相互交叉的内容，如工业清洁服务中，会涵盖与商业清洁相同的服务对象；各类属性的建筑物中，也会有相同功能的用房与区域。但因场所和建筑属性不同，在具体服务方法和执行标准上肯定会有许多不同。如医院的卫生间和写字楼的卫生间，其清洁标准和选用方法上就有本质差异。因此，在选择具体清洁方法和清洁工具时，还需清洁服务企业根据具体情况进行把握。

2．按照清洁服务的区域分类

为了便于管理和设备设施的使用，也可按照清洁服务的区域进行分类，如大堂、办公室、会议室、楼梯、电梯、走廊等。

3. 按照清洁场所的类型分类

目前，我国清洁服务行业涉及的清洁场所大致可分为物业楼盘、企事业单位及公共场所三大类。

（1）物业楼盘清洁。目前从价位、客户要求上讲，物业楼盘属于最难做的项目，包括办公楼、商务楼和各类住宅小区等。

（2）企事业单位清洁。目前从价位、技术、标准方面都有上升的空间，是最有前途的项目，包括工厂、机关、学校等。

（3）公共场所清洁。公共场所包括住宿和交际场所、洗浴和美容场所、文化娱乐场所、体育和游乐场所、文化交流场所、商业活动场所以及医疗和交通场所等。公共场所清洁难度介于物业楼盘清洁与企事业单位清洁之间，属于比较稳定的项目。

4. 按照标的物的特性分类

为了强化专业性管理，在服务上还可按照标的物特性进行分类，如石材、地毯、布艺、管道、铁艺、玻璃、洁具、厨具等。

14

第四节　我国清洁服务业的发展历程

一、我国清洁服务业的过去

在中国历史发展长河中，打扫卫生这件事自古有之，从有人类文明记载开始，就把讲究卫生的习惯与家庭建设、社会建设紧密联系在一起。

在古代，人们把"净水泼街，黄土垫道"作为最高礼仪，成为重大事件发生前或重大的节假日到来之际必做的事情。

明末清初著名理学家、教育家朱柏庐的《朱子家训》中，更把"黎明即起，洒扫庭除，要内外整洁"作为家训，传于子孙。这句承载着古代劳动人民智慧的劳动标准，通过打扫卫生这件事，成为考量勤劳、良知和孝道的有力标准。人们也用"只扫自家门前雪，休管他人瓦上霜"来形容人的懒惰和不负责任的行为。由此看来，中国古代以打扫卫生这件事来衡量社会文明已成为一种习惯，并让中国在礼法建设中走过了千年之路。

随着人类社会的不断发展，"打扫卫生"演变为"清洁服务"，并成为衡量社会文明程度和社会进步的重要标准之一。

二、我国清洁服务业的现状

随着社会化分工的不断完善，清洁服务这件事已经成为环境建设的标志性工作，并成为全社会最关心的话题之一。同时，随着先进建筑材料的涌现，与之配套的清洁服务解决方案在同步创新，现代化清洁工具也在不断发展和涌现。清洁服务已经融入人们生活的每个细节，成为日常习惯和生活的组成部分。

任何一个空间的位置、任何一件事物的发展、任何一个时间的节点上，都离不开清洁环境这项工作。人们不论在家庭中、工作中、旅游中、聚会中以及在任何一个特定事态中，都离不开清洁服务的支撑。正是有了这个支撑点，人类才有了健康、长寿的基础，才有了社会发展的可能。

这样一件让人"无法割舍"的社会服务内容，承载着推动社会文明发展的重要任务，并成为社会前进的重要步伐之一和进步标志。随着改革开放的推进，传统、落后的清洁服务逐步走上飞速发展的道路，呈现出以清洁服务定位、以公司化运作、以现代企业制度管理、向全社会提供全方位服务的特色。

1990年北京亚运会的召开，展示了中国改革开放的成果。以清洁服务定位的公司化企业担纲了主体服务工作，体现了中国改革开放的硕果，也让国人享受了社会进步带来的成果。

2011年国家统计局在修订《国民经济行业分类》中，将清洁服务确立为"社会行业"，标志着中国清洁服务业走向了行业管理发展的道路。此后，在全国各省市、地区，以为行政区域内清洁服务企业服务为宗旨的清洁行业协会如雨后春笋般争相成立，标志着中国清洁服务行业的建设掀开了历史新篇章。

改革开放以后，中国酒店业首先感受到了改革的春风，并在清洁服务上倾注了大量专业的工作力量，培育了一支支专业服务队伍。紧跟其后成长起来的房地产业，以专业的物业管理体系，完成了快速成长的发展阶段，并成为社会经济组成的重要力量。而此时的清洁服务企业，则依靠改革开放后酒店业的发展得以独立，依靠房地产业的发展和物业管理行业的成长与完善得以壮大，并越来越多地承担起相应的社会责任。

三、清洁服务业的发展前景

清洁服务业的产生满足了社会大环境和家庭小环境两方面从物质到精神方面的需求。

伴随社会经济的发展、城市建设的加快以及人们对于高质量生活的追求，使得专业的清洁服务日益受到关注与青睐。开展爱国卫生运动、市容市貌整治以及创建国家卫生城市、优秀旅游城市活动，促进了专业清洁服务市场的迅速发展，使得清洁服务市场呈现出令人振奋的买方市场。

目前，我国清洁服务业正处在快速成长和发展阶段，虽然各地的发展速度不同，但努力的方向都是一致的，都是为了创建优美生活环境，让全社会在和谐稳定中向前发展。

在不久的将来，清洁服务业必将成为满足人们日益增长的物质文化需求的重要服务内容，成为解决劳动就业的重要渠道，成为建设和谐社会的重要力量。

单元练习题

一、单项选择题（每题所给的选项中只有一项符合要求，将所选项前的字母填在括号内）

1. 清洁服务中的四要素是指物理力、（　　）、温度和时间。

A. 化学力　　　　　B. 人　　　　　　C. 环境　　　　　D. 甲方要求

2. 清洁服务是指对建筑物、办公用品、家庭用品的清洗和（　　）服务，包括专业公司和个人提供的清洗服务。

A. 打扫　　　　　　B. 消毒　　　　　C. 养护　　　　　D. 清洁

二、问答题

1. 清洁服务的主要特点有哪些？

2. 清洁服务的原则有哪些？

3. 简述污垢分离原理。

单元练习题答案

一、单项选择题

1. A　　2. B

二、问答题（略）

第二单元　管理基础

第一节 管理概述

一、管理的职能

一般认为管理的职能包括计划、组织、领导、控制这四种基本职能，如图 2—1 所示。

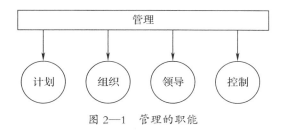

图 2—1 管理的职能

19

1. 计划

计划表现为确定未来的发展目标以及实现目标的方式，包括建立目标、制定实现目标的方案、形成协调各种资源和活动的具体行动方案等。

简单地说，计划就是要解决两个基本问题：一是干什么，二是怎么干。组织等其他一切工作都要围绕着计划所确定的目标和方案展开。

2. 组织

组织是为了有效地实现计划所确定的目标而进行部门划分、权利分配和工作协调的过程。它是计划工作的自然延伸，包括组织结构的设计、组织关系的确立、人员的配置以及组织的变革等。

3. 领导

领导就是管理者利用组织赋予的职权和自身的影响力去指挥、激励员工努力去实现组织目标的过程。当管理者激励他的下属、指导下属的行动、选择最有效的沟通途径或解决组织成员间的纷争时，管理者就是在从事领导工作。

领导职能有两个要点：一是努力搞好组织的工作，二是努力满足组织成员的个人需要。

领导工作的核心和难点是调动组织成员的积极性，这需要领导者运用科学的激励理论和合适的领导方式。

4. 控制

控制是判定组织是否按既定的目标向前发展，并在必要的时候及时采取矫正措施。控制工作包括确立控制目标、衡量实际业绩、采取纠偏措施等。

上述四大职能是相互联系、相互制约的，其中计划是管理的首要职能，是组织、领导和控制职能的依据；组织、领导和控制职能是有效管理的重要环节和必要手段，是计划得以实现的保障。只有统一协调这四个方面，使之形成前后关联、连续一致的管理活动整体过程，才能保证管理工作的顺利进行和组织目标的圆满实现。

二、管理者的素质

20

管理与管理者是密不可分的，管理者通过管理目标确定有效方法，管理目标则通过管理者的有效工作才能实现。

管理行为就是将使命、远景、目标、政策、战略凝聚成企业策略，并通过管理者用有效的方法去实施。管理者是管理行为的执行者，全面掌握、控制企业管理的全过程。企业的成功与否，管理者起着决定性的作用。

管理者必须具备的素质包括：管理者必须有良好的精神面貌，要不断给予团队其他人积极、阳光的激励，尤其是在困难的时候，必须保持思想和情绪的坚定性；保持对事物的把控能力，如果有错误的地方，要勇于承担、敢于担当，这样才能带领团队完成任务。具体包括以下几个方面：

（1）良好的道德情操，做人做事有原则，有事业心。

（2）敬业精神、积极态度、诚实劳作、敢于担当责任。

（3）客观公正处理事务，克服情绪化的干扰。

（4）良好的表达能力、沟通能力、绩效理念、时间观念。

（5）懂得随时培养人才，关心爱护他人，辅助他人进步。

（6）客观理性的判断力，掌握事物的发展趋势，并做出正确决策。

（7）心理健康，充分发挥个人的最大潜能，以及妥善处理和适应人与人之间、人与社会环境之间的相互关系。

（8）高度的专业性，赢得他人的信赖，肩负起管理者的重任。

（9）思考的前瞻性，更有效地去处理工作中所遇到的问题。

（10）敏锐的观察力，善于发现易被忽略的信息。

三、管理的注意事项

在管理过程中，必须注意以下几个方面：

第一，管理只有具备了大局观，才能深谋远虑，不迷失方向，才能统筹和驾驭各项事务的进程，确保各项工作质量。切不可只做眼前的事情而忽略了大局。

第二，管理必须重视培训工作，切不可忽视培训对团队建设质量、提高团队成员工作能力的作用。

第三，管理工作中要善于团结每一个人，调动其积极性并发挥其工作之长，做到"因才施用"，不能偏听偏信。

第四，管理工作要重视档案管理、人力资源管理、财务管理、库房管理、技术管理以及公共关系管理等，不能忽视管理中的每一个环节和细节。

第五，管理工作中，领导者切不可忘记管理自己。要求别人做到的，自己首先要做到，不要有侥幸心理，不要养成不良习惯。

第六，管理工作绝不能"以己之见覆盖全局"。要懂得并善于听取他人意见，在他人意见中寻找最佳管理方法与途径。

第二节　全面质量管理

全面质量管理（Total Quality Management，TQM），在 ISO 8402—1994《质量管理与质量保证术语》中被定义为："一个组织以质量为中心，以全员参与为基础，目的在于通过让顾客满意和本组织所有成员及社会受益而达到长期成功的管理途径。"

全面质量管理具有全面性，控制着质量的各个环节、各个阶段，全面质量管理是全过程、全员参与以及全社会参与的质量管理。

一、全面质量管理的五要素

通常认为，在清洁服务领域，影响质量管理的要素主要有五个，即人员、机器、材料、方法和环境，简称人、机、料、法、环，如图2—2所示。

人员指的是参与清洁服务的所有人员，包括项目管理者和员工。机器包括清洁设备和清洁工具。材料是指清洁服务中所涉及的诸如清洁剂、耗材等。方法包括清洁方法、检验标准等。环境指的是清洗服务、清洁工具和清洁剂对环境的影响。

全面质量管理不仅要求有全面的质量概念，还需要进行全过程的质量管理，并强调全员参与。

图2—2　质量管理五要素

二、全面质量管理的工作方法

全面质量管理的工作方法是PDCA循环，又称质量环，是管理学中的一个通用模型。

PDCA是由英语单词Plan（计划）、Do（执行）、Check（检查）、Action（处理）的第一个字母组成，如图2—3所示。

P（Plan）计划，包括方针和目标的确定以及活动规划的制定。

D（Do）执行，根据已知的信息，设计具体的方法、方案和计划布局，再根据设计和布局进行具体运作，实现计划中的内容。

C（Check）检查，总结执行计划的结果，分清哪些对了，哪些错了，明确效果，找出问题。

A（Action）处理，对检查的结果进行处理，对成功的经验加以肯定，并标准化；对于失败的教训也要总结，以引起重视。对于没有解决的问题，应提交给下一个PDCA循环中去解决。

以上四个过程不是运行一次就结束，而是周而复始地进行，一个循环完成了，解决一些问题，未解决的问题进入下一个循环，这样阶梯式地上升，如图2—4所示。

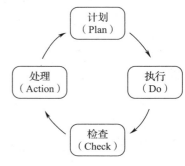

图2—3　PDCA的组成

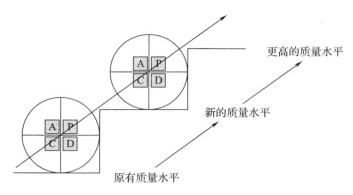

图2—4　PDCA的循环过程

以清洗服务的全年工作为例，年初要做好项目管理，人员调配、设备采购和培训等计划，以指导全年工作的有序开展。

在清洁服务工作中，必须严格按照年初制订的计划来开展工作。如要控制好设备、工具和清洁剂的使用与消耗量，控制好人的因素对清洁服务工作的影响等。

在执行计划时，要随时检查执行的结果，对可能出现的问题进行预判，对计划外出现的新问题及时解决。对出现的任何问题、解决问题的方法，以及造成这些问题的原因进行有效分析，并把分析结果计入档案，在下一次的工作计划中予以解决。

三、全面质量管理的作用

全面质量管理的作用主要包括以下三个方面：

（1）全面质量管理是企业管理的重要组成部分，也是核心工作之一。

（2）全面质量管理是站在企业管理战略的基础上，将企业各种工作行为进行程序管理的有效方法之一。

（3）全面质量管理可将企业管理中的任何事情进行总循环或独立循环来使用。

四、全面质量管理的注意事项

在进行全面质量管理过程中要注意以下几个方面：

（1）全面质量管理是一种思想，对推动企业建设与发展的各类事物加以系统地思考和规划，最终实现企业全面发展。因此，必须深入了解全面质量管理的特点，即全面性（指事物的全过程）、目标性（指事物的方向和实现的目标）、全员性（指全员参与）、服务性（指为用户服务）和科学性（指科学化）。

（2）全面质量管理是一种方法，因此必须注重各个环节的性质、特点和所要实现的目标，让全面质量管理真正成为企业运营的有效工具。

（3）全面质量管理是一种保障，因此必须注重各个环节的衔接和相互作用，确保工作的整体性。

（4）全面质量管理是促进为客户服务质量的有效手段，因此必须研究客户需求，并确立以客户为中心的质量活动（核心价值），提升清洁服务的满意度。

（5）全面质量管理是提升企业清洁服务工作质量和社会公众形象的重要手段，因此必须与企业相结合，充分发挥全面质量管理在各项工作中的作用，成为提高企业绩效的重要工作内容和策略方法。

（6）由于全面质量管理涉及企业方方面面的工作，因此它不仅是质量管理一个部门的事情，而且是企业所有部门的共同（基本）职责。

（7）正是因为全面质量管理方法的有效性，因此企业各级领导要提高自身的思想意识，提高领导者的工作素养，以期达到提高企业管理水平的目标。

24

第三节　有效沟通

有效沟通是清洁服务现场管理中非常重要的工作环节，在以往的经验中，有上级交代工作任务不清晰、下级不能准确理解上级或甲方意图的情况，造成工作的延误或达不到要求，甚至造成不必要的经济损失。

比如某甲方领导请清洁公司项目经理向其领导转告一件事情。几天之后，当甲方领导遇见清洁公司领导谈起此事时，才知道清洁公司领导并没有掌握此事的准确信息。经询问项目经理才得知信息传达有误，造成清洁公司领导没有对甲方提出的事情给予足够的重视。此事表明，甲方领导向项目经理讲述时，没有注意项目经理是否准确理解；项目经理没有及时核对所接受的信息是否准确，以致造成没有向清洁公司领导准确传递信息；清洁公司领导听到信息之后，也没有及时核对信息，造成工作的延误。一连串的失误都是因为没有进行有效沟通所造成的。

一、有效沟通及其方法

有效沟通就是通过听、说、读、写等手段，用准确、恰当的方式，表达自己的思想或听取对方的思想，并达成双方接受的有效过程。

有效沟通是一种技能，是对自身知识能力、表达能力、行为能力的有效发挥。

有效沟通主要是指人与人之间的沟通，尤其是信息发送者与信息接收者之间的沟通，两者缺一不可。首先，信息发送者清晰地表达信息的内涵，以便信息接收者能确切理解。其次，信息发送者重视信息接收者的反应并根据其反应及时修正信息的传递，免除不必要的误解。

进行有效沟通可以采取以下几种方法：

（1）准确的信息沟通无疑会提高工作效率，因此要舍弃一些不必要的工作，以最简洁、最直接的方式进行沟通，以便取得理想的工作效果。

（2）信息发送者必须明确自己所要表达的意思，否则会直接影响沟通的效果。

（3）信息接收者需完整地理解信息发送者所要表达的意思，这是执行指令最重要的源头性工作，否则办事的方向会搞错。

（4）企业是在不断解决经营中的问题中前进的，企业问题的解决是通过企业中有效的沟通实现的。个人与个人之间、个人与群体之间、群体与群体之间开展积极、公开的沟通，从多角度看待一个问题，在管理中就能统筹兼顾、未雨绸缪。

（5）当面交流、会议讨论、通电话、写信或者发邮件等，都是沟通的有效方法，要根据不同情况使用。

二、各层级关系处理

1. 与上级的关系

企业的中、高层管理人员是企业的核心力量群体，因此应将企业利益放在首位，同时做好自己的职业生涯规划。与上级沟通要注意，首先是尊重与执行，要充分了解、熟悉上级交办的工作的内容、范围、要求等，然后也要充分交流自己对工作任务的理解与建议。

2．与同级的关系

（1）与企业其他部门的关系。集团大企业本身自有一套沟通协调的完善机制。而清洁服务企业，大多是从小微企业发展而来，随着企业的进一步壮大，将出现更多的后台人员以及更多的规章制度与协作程序。前台工作需要后台部门及人员的全力支持。各部门人与人之间一定要相互多沟通与协作，才能完整地完成好工作。与其他部门的沟通需要做好以下工作：

1）严格记录手续。所有交办事项尽量有文字记录。

2）按规定办理。在可能的情况下，一定按企业规章办理相关手续，尽量不添加额外工作。

3）加急需要请示。添加额外工作需要请示。

4）表示歉意。特殊情况需要加急处理的事项，在办理时要为自己给别人增加的工作量表示歉意。

5）留出提前量。前台部门需要后台部门配合的工作，要给后台部门留出处理工作的时间，同时要为自己留出提前量。

（2）与其他项目的关系。企业各项目之间在互相支援、互通信息以及物料临时拆借等方面是一种紧密合作的关系，因此要加强与其他项目人员的沟通，互相支持、互相帮助。

3．与下级的关系

一个管理者对下属人员主要以认可、锻炼、评估、培训、督促、批评、推荐等几种方式来帮助他们进步、提高。下属员工可分为依从型、认同型和内化型三种类型，要根据员工的特点处理好与员工的关系。

（1）依从型。依从型员工的特点是不督促就不主动工作。对这样的员工必须依法管理，用制度来规范其行为，用处罚来警示他们可能要犯的错误。

（2）认同型。认同型员工只服从自己认可的管理者的管理。对这样的员工要用树立管理者个人形象、彰显管理者魅力的方式。这类员工只要认可管理者，就会认真为管理者工作。

（3）内化型。内化型员工不管做什么工作，在哪里工作，为谁工作，只要不是感觉受到了人身侮辱，他们就一定会尽善尽美地完成自己的本职工作，不需要认可和督促。管理者只需对他们的工作偶尔表示认可，给予他们充分的信任即可。

三、有效沟通的注意事项

（1）沟通必须成为常态，以保证获得的信息是最及时、最前沿、最实际、最能够反映当前工作的情况，否则会导致信息延误或不准确。

（2）沟通必须成为激励、尊重员工的基础方式，否则有碍于打造良好的企业文化。

（3）沟通必须起到延伸培训的作用，否则会影响沟通的效果。

（4）沟通必须作为推动团队建设的有效方法，避免影响凝聚力的不利因素。

（5）沟通必须注意与信息的关系，信息不涉及诸如情感、价值、期望与认知等人的成分，沟通则是在人与人之间进行的。

（6）沟通过程中切不可猜忌，否则会造成灾难性的损失。

第四节 时 间 管 理

一、时间管理及其方法

在清洁服务过程中，必须注意对时间的把握。比如对清洁工作进度的时间把握、对自身工作安排的时间把握，以及对下级完成指令性工作的时间把握等。

1. 时间管理的概念

时间是有限的、不可延长和压缩的，如何在有限的时间里实现更多的既定目标，对一个成功者是至关重要的。

时间管理是指通过事先规划和运用一定的技巧、方法与工具实现对时间的灵活及有效运用，从而实现个人或组织的既定目标。

2. 时间管理的方法

时间管理的方法有很多，这里主要介绍 GTD 时间管理法和帕累托原则。

（1）GTD 时间管理法。GTD 即 Getting Things Done 的缩写，来自 David Allen 的一本畅销书 *Getting Things Done*（见图2—5），中文翻译为《尽管去做：无压工作的艺术》。

GTD 时间管理，是通过收集、整理、组织、回顾、行动五个步骤，实现对时间的规划和运用，如图2—6 所示。

1）收集。收集就是将自己想做或别人委托等所有即将需要办理的事情系统地罗列出来，写在记录本（纸）中，做到让你的记忆为"空"，同时做到让工作不丢项。

图2—5 《尽管去做：无压工作的艺术》

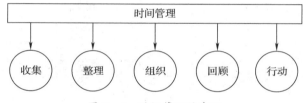

图2—6 时间管理的步骤

2）整理。定期或不定期地对记录中的工作进行整理，按是否可以付诸行动进行区分。可按照当天、本周、本月等情况将既定的工作进行区分，并根据具体事项的轻重缓急、远近疏堵等情况进行排列，让各项事务有条有序地摆在你面前，以确保各项目标保质保量地完成。

3）组织。组织就是行动。根据对既定工作的整理，对那些在短时间内即可完成的工作，可立即付诸行动；对那些还需时日的工作，可列入工作计划，并按照整理的步骤，进入待处理状态。组织主要分成对参考资料的组织与对下一步行动的组织。对参考资料的组织主要是建一个文档管理系统，而对下一步行动的组织则一般可分为下一步行动清单、等待清单、未来（某天）清单，如图2—7 所示。

为便于对所做事物的时间进行管理，可建立工作日程管理表，将所做事物按照时间顺序进行排列，同时用备注记录与该事物有关的信息，如地点、人员、联系方式等。某清洁公司经理一天的时间管理表见表2—1。

4）回顾。回顾是一个非常重要的工作步骤，一般情况下，最好每周回顾与检查一次。通过回顾及检查，将你的工作清单进行更新，确保时间管理的有效性。

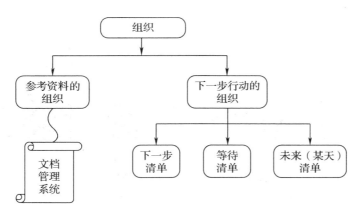

图 2—7 组织

表 2—1   时间管理表（2016 年 3 月 1 日）

时间	安排	备注
8:30—9:00	晨会	
9:00—10:30	外出拜访客户	客户电话
10:30—12:00	回程途中抽查某清洁服务项目工作	
12:00—13:00	午餐	回程途中
13:00—15:00	各部门工作案例分析	办公室召集
15:00—16:00	管理者培训	大会议室
16:00—16:30	与项目经理谈客房管理事宜	小会议室
16:30—17:00	当日工作总结	

5）行动。根据时间的多少、精力情况以及重要性来选择清单上的事项来行动。

（2）帕累托原则。帕累托原则是由 19 世纪意大利经济学家帕累托提出的。其核心内容是生活中 80% 的结果几乎源于 20% 的活动。比如，是哪些 20% 的客户给你带来了 80% 的业绩，可能创造了 80% 的利润。因此，要把注意力放在 20% 的关键事情上。

根据这一原则，应当对要做的事情归类，对事情按照轻重缓急进行排序，分为 A 类、B 类、C 类和 D 类，如图 2—8 所示。

1）A 类。把重要且紧急的事情归为 A 类，A 类的事情必须立即去做，且在最短时间内有效做完，绝不能拖沓。

2）B 类。把紧急但不重要的事情归为 B 类，只有在优先考虑了重要的事情后，再来考虑做 B 类的事情。

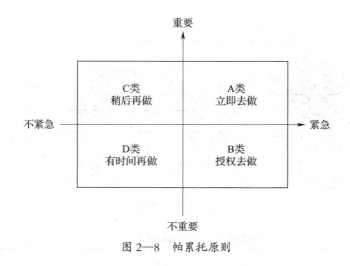

图 2—8 帕累托原则

3）C类。把重要但不紧急的事情归为C类，只要是没有B类事情的压力，应该当成紧急的事去做，而不能拖延。

4）D类。把既不紧急也不重要的事情归为D类，将D类的事情进行清理，要么用零散时间处理、要么储备起来今后处理。

二、时间管理的重要性

（1）管理的成效，就在于对时间的理解和把握。没有时间概念的管理，就不是合格的管理。不会计划时间的人，工作就难以落实到位，工作中显得忙碌，甚至造成工作失败。

（2）时间管理直接反映出企业管理的成效、企业文化建设的成果、企业人员的执行能力，更体现出企业承担工作责任和社会责任的能力。

（3）由于人的记忆特性，一般事件能够有效记住三条，因此根据时间管理的原则，记住最重要的前三条事情，并及时办理，就能够提升企业 70% ~ 80% 的工作效能。

（4）规定工作任务完成的时间，并严格审查，是推动企业各项管理指标完成的重要工作环节，也是衡量任务完成的重要标尺。

（5）企业的时间概念是一个整体，因为企业的事情都是所有员工努力的结果，没有时间概念，企业难以统一步调、员工难以有效配合，以至于给企业造成重大损失。

三、时间管理的注意事项

（1）必须随时注意环境事态的变化，否则会因时间的延误使事态发生转变，如不太重要的事情成为重要的事情。

（2）必须将分析整理后的工作信息放在醒目的位置，否则无法起到提醒的作用。

（3）必须加强事件的管理，做到处理完的事情一定要有记录，否则会因时间过长而忘记细节。

单元练习题

一、单项选择题（每题所给的选项中只有一项符合要求，将所选项前的字母填在括号内）

1. 全面质量管理的方法是由计划、执行、（　　）、调整四个方面组成。

A. 检查　　　　　　B. 领导　　　　　　C. 落实　　　　　　D. 授权

2. 没有时间概念的管理，不是合格的管理；不会（　　）的人，工作就等于工作失败。

A. 授权　　　　　　B. 计划时间　　　　C. 沟通　　　　　　D. 领导

二、多项选择题（每题所给的选项中有两个或两个以上正确答案，将所选项前的字母填在括号内）

1. 一般认为管理的职能包括（　　）。

A. 使命　　　　　　B. 计划　　　　　　C. 目标　　　　　　D. 组织

E. 领导　　　　　　F. 控制

2. 有效沟通的方式有（　　）等。

A. 当面交流　　　　B. 让他人传话　　　C. 会议讨论　　　　D. 预约交谈

E. 通电话　　　　　F. 写信

三、问答题

1. 管理者必须具备的素质有哪些？

2. 简述全面质量管理的工作方法。

单元练习题答案

一、单项选择题

1. A　2. B

二、多项选择题

1. BDEF　2. ACEF

三、问答题（略）

第三单元　清洁服务现场管理

第一节　质量与成本管理

要想达到预期的清洁服务质量，必须做好熟悉合同、熟悉环境、熟悉甲方和熟悉员工。

熟悉合同包括合同中写明的作业区域、标准、人员安排、甲方要求、日常及定期作业、工作时间等。

熟悉环境则是指熟悉重点区域和普通区域。

熟悉甲方是指熟悉甲方的直接领导、间接领导、工作特点及方法等。

熟悉员工是指熟悉员工岗位分布、工作技能、素质高低、思想动态等。

一、制定质量标准

根据清洁服务现场的情况，应首先制定清洁服务标准。实例如下：

1. 大堂（商场营业厅）清洁服务标准

表 3—1　　　　　　　　　大堂（商场营业厅）清洁服务标准

清洁类别	清洁项目及内容	清洁周期	标准
日常清洁	清洁地面	巡视清洁服务	无明显污渍、垃圾
	清洁玻璃门、窗台	巡视清洁服务	无污渍
	清洁沙发、茶几、装饰物品	巡视清洁服务	无污渍
	清洁踢脚板、墙围裙	每日一次	无明显积尘
	倾倒、清洁垃圾桶	每日一次	洁净，无污渍
定期清洁	清洁门窗玻璃	每周一次	无明显污渍
	清洁空调进出风口	每月一次	无明显污渍
	清洁消防器材	每月一次	无明显灰尘
	清洁墙面（2米以下）	每月一次	无明显灰尘

2．办公室清洁服务标准

表 3—2 办公室清洁服务标准

清洁类别	清洁项目及内容	清洁周期	标准
日常清洁	清洁办公家具	每日一次	干净，无灰尘
	清洁灯具开关盒	每日一次	无污渍
	清洁门、窗、各种装饰物	每日一次	无灰尘
	清洁玻璃、隔断板	每日一次	光亮、干净
	倾倒、清洁纸篓	每日一次	及时，无遗漏
定期清洁	清洁墙壁（2米以下）	每周一次	无灰尘
	清洁天花板、出风口	每月一次	无灰尘

3．卫生间清洁服务标准

表 3—3 卫生间清洁服务标准

清洁类别	清洁项目及内容	清洁周期	标准
日常清洁	及时清洁和冲洗马桶、便池	巡视清洁服务	无污渍
	及时倾倒手纸篓	巡视清洁服务	手纸篓内手纸不得过半
	清洁地面	巡视清洁服务	无污渍、灰尘
	清洁云台、面盆等卫生洁具	巡视清洁服务	无污渍
	及时添加卫生纸、洗手露、香球	巡视清洁服务	补充及时
	清洁废物箱	巡视清洁服务	洁净，倾倒及时
	清洁隔断板、窗台、灯具开关盒	每日一次	无污渍、水渍
定期清洁	清洁墙面，局部除污	每月一次	无污渍、灰尘
	彻底清洗地面	每月一次	干净，无污渍
	清洁灯具	两个月一次	干净，无污渍
	清洁天花板及其附属设施	每季度一次	无灰尘、污渍

4．楼梯清洁服务标准

表 3—4　　　　　　　　　　楼梯清洁服务标准

清洁类别	清洁项目及内容	清洁周期	标准
日常清洁	清洁梯面	巡视清洁服务	无污渍、弃物
	清洁扶手	巡视清洁服务	无污渍、灰尘
定期清洁	清洁指示牌	每周一次	无灰尘、污渍
	清洁消防器材	每月一次	无明显污渍
	清洁楼梯	每月一次	无污渍、弃物

5．电梯清洁服务标准

表 3—5　　　　　　　　　　电梯清洁服务标准

清洁类别	清洁项目及内容	清洁周期	标准
日常清洁	清洁每层电梯门	巡视清洁服务	无明显污渍
	清洁轿厢内地面	巡视清洁服务	无污渍、垃圾
	清洁轿厢门	巡视清洁服务	无明显污渍
	清洁轿厢门沟缝	每日一次	无杂物
	清洁轿厢内壁	每日一次	无明显污渍
定期清洁	清洁轿厢顶	每周一次	无蜘蛛网，表面洁净
	清洁轿厢内风扇	每月一次	无明显污渍

6．电动扶梯清洁服务标准

表 3—6　　　　　　　　　　电动扶梯清洁服务标准

清洁类别	清洁项目及内容	清洁周期	标准
日常清洁	清洁电动扶梯扶手	每日一次	无污渍
	清洁踢脚板	每日一次	无污渍、灰尘
	清洁玻璃挡板	每日一次	无污渍
定期清洁	清洁指示牌	每周一次	无灰尘、污渍
	清洁电动扶梯阶梯	每月一次	无污渍、弃物

7．地下车库清洁服务标准

表 3—7　　　　　　　　　地下车库清洁服务标准

清洁类别	清洁项目及内容	清洁周期	标准
日常清洁	清洁地面	巡视清洁服务	无明显污渍、垃圾
	清洁门窗、玻璃	巡视清洁服务	无污渍
	清洁开关盒、标识、把手	巡视清洁服务	无污渍
	清洁车库值班室	每日一次	洁净、卫生
	倾倒、清洁垃圾桶	每日一次	洁净，无污渍
定期清洁	清洁灯箱、各配电系统表箱	每周一次	无明显污渍
	清洁各个管道或外包装	每月一次	无明显污渍
	清洁消防器材	每月一次	无明显灰尘
	清洁墙面（2 米以下）	每月一次	无明显灰尘

8．垃圾清运清洁服务标准

表 3—8　　　　　　　　　垃圾清运清洁服务标准

清洁类别	清洁项目及内容	清洁周期	标准
日常清洁	垃圾收集	每日一次	及时，无积存、遗漏
	清洁垃圾桶	每日一次	干净，无污渍
	地面清洁与消毒（垃圾桶存放地）	每日一次	无污渍、异味

9．外围环境清洁服务标准

表 3—9　　　　　　　　　外围环境清洁服务标准

清洁类别	清洁项目及内容	清洁周期	标准
日常清洁	清洁停车场地面	巡视清洁服务	干净，无垃圾
	清洁标牌、指示牌	每日一次	光亮，无灰尘、污渍
	清洁外墙、玻璃、风孔	每日一次	干净（2 米以下）
	清洁照明灯（包括开关）	每日一次	无灰尘、污渍
定期清洁	清洁装饰、艺术品	每周一次	光亮，无灰尘
	清洁庭院、绿化带	每周一次	干净，无垃圾

二、质量检查方法

1. 员工自查

通过目视及模拟操作对所完成的工作进行测试检查，达到规定的质量标准。

2. 领班巡查

依据工作内容及标准，对员工完成的清洁服务工作逐一通过目视、手工验证及模拟操作等方式进行检查。对发现的问题及时整改或汇报，并根据质量巡查情况填写《日常质量管理检查表》，见表3—10。

表 3—10　　　　　　日常质量管理检查表

日期		清洗人员	
项目名称		被检查部位	
检查内容		检查情况	

清洗人员改进措施：

清洗人员签名：

备注	

质量检查人：＿＿＿＿＿＿

3. 项目经理巡查

选取重点区域及重点工作进行检查，包括人员的使用、工作的时间、物料的使用情况及成本。对发现的问题整改后进行复查，总结原因找出解决办法，有效避免问题再次发生。

4. 定期召开会议

各级人员通过会议的形式对工作中的注意事项及发现的问题进行沟通，并做好会议记录（见表3—11），以达到总结、培训的目的。

表 3—11　　　　　　　　会 议 记 录

时间		地点	
主持人		记录人	
参加人			
会议内容			
遗留问题的处理结果			
新的决定			
备注			

三、问题处理

在检查过程中发现的问题必须立即整改，并做到以下"四个结合"。

1. 检查与教育培训相结合

检查者发现问题后，不论是工作质量问题、操作规范问题、还是员工行为规范问题，不仅要及时指出纠正还要帮助员工分析原因，同时要在员工会议时间对检查时发现的问题进行培训教育，举一反三，防止类似问题的再次发生。

2. 检查与奖罚相结合

项目经理要制定明确的奖罚制度，可采取加分扣分的方法，对清洁服务质量问题、员工行为规范问题、员工操作规范问题、执行规章制度问题以及甲方投诉、重大工作失误等，做出明确的奖罚规定，让员工人人皆知，月底公布。

3. 检查与测评、考核相结合

检查的内容不仅包括清洁服务质量、员工操作是否规范，还包括测定不同岗位工作量、作业时间，以及再次测定、调整工作流程。如果与合同规定差距较大，可以向甲方商议提出调整合同内容。

4. 检查与改进、提高相结合

对检查时发现的问题进行分析，查找原因提出整改措施，同时，必须要进行再次复查，直到彻底整改，只有这样才能达到检查的效果。

四、成本控制

在日常的清洁服务工作中，要合理地安排员工、物料、工时，按照清洁程序及方法进行操作，以便合理控制支出，降低成本，做好项目成本核算工作。

（1）认真做好员工的考勤工作，杜绝不合理的加班或无效的加班。

（2）完善设备及工具的维护保养，避免故障的发生，以延长使用寿命。

（3）按领料制度领取清洁剂，按要求进行清洁剂的稀释，并正确使用清洁剂，做到不浪费。

第二节 人 员 管 理

一、组织架构

通常根据清洁服务现场规模的大小来设置管理人员，最基本要设置一名项目经理、一名领班、一名仓库保管员或内勤（可兼职）。对于规模大的清洁服务现场，可设多名领班，如图 3—1 所示。

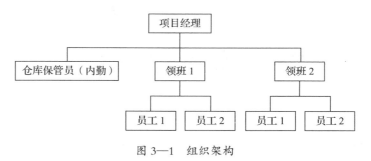

图 3—1 组织架构

二、各层级管理人员的工作职责

1．项目经理的工作职责

（1）直接对清洁服务现场的品质管理负责，承担检查、指导、协助各项目部公共区域清洁、灭害、环境的管理责任。

（2）制订每月公共区域的清洁管理工作计划，并负责抓好落实和做好人员调配，合理安排好员工的工作任务。

（3）每天巡视清洁服务现场，抽查卫生质量，检查公共区域设施，并认真做好记录，发现问题及时通知员工进行整改和报修。

（4）做好员工的招聘培训和考核，不断提高员工整体水平。

（5）加强员工安全教育，消除事故隐患。遇有突发事件或重要任务时，安全工作要与工作任务一道布置给员工并督导完成。

（6）自觉遵守部门的各项规章制度，并督促员工遵守执行。

（7）熟悉和掌握各种清洁设备和工具的使用方法，提高自身业务水平。

（8）控制清洁剂的发放，节约成本，提高效益。

（9）搞好与甲方主管的协作，与甲方沟通协调顺畅，完成甲方交办的任务。

（10）关心员工的思想和生活，帮助员工解决在工作中遇到的难题。

2．领班的工作职责

（1）直接对项目经理负责，承担公共区域清洁服务管理责任。

（2）制订工作计划，协调好与相关部门的工作关系。

（3）按照清洁服务检查的项目及标准严格进行检查，对不合格者要督促其及时整改，对员工工作表现的情况应如实反馈给项目经理。

（4）检查使用设备有无损坏，如有损坏及时报修，并做好维修保养记录。

（5）在日常清洁服务工作中，督促员工注意安全，消除事故隐患，爱护公物，提醒员工正确使用清洁工具并按规定操作，防止清洁对象的损坏。

（6）对员工的素质、工作态度、业务技术负有培训和提高的责任。

（7）对员工在公共区域拾到的物品，记录后当天上交。

（8）有突发事件或重要任务时，迅速布置给员工并督导完成。

（9）掌握各种清洁设备、工具和清洁剂的使用方法，提高自身的业务水平。

（10）每天对楼层清洁服务现场的工作进行不定期检查，发现问题责令员工及时整改，并主动向项目经理汇报情况。

（11）配和协调好各区域的工作，搞好员工之间的团结，完成上级交办的任务。

3. 仓库保管员的工作职责

（1）做好仓库物品进货、发货登记，每月盘点一次，并将盘点表报送给项目经理；每月做好下月领料计划，由项目经理审核后，报送公司仓库保管员。

（2）对进库物品，必须核对数量、规格，并逐一验收登记，如不符合数目应及时核查，并报告上级，同时负责检查清洁设备、工具及清洁剂的质量情况。

（3）切实做好仓库物品的管理，借出设备及工具要凭借条，贵重物品项目经理批准方可借出，并办好登记手续。

（4）经常检查整理仓库，保养机器，掌握消耗、储存物品数量，做到有计划进货，及时上报所需维修的设备情况。

42

（5）消防用品、工具、机械及其他物品按类分别摆放整齐，易燃物品与非易燃品必须分开放，对易燃品要特别注明摆放位置，做到切实防火安全。

（6）机器物品用完入库前，必须督促员工清洗洁净并及时检查，将机器使用状况做好记录。

（7）未经仓库保管员、项目经理许可，任何人员不得动用仓库内物品。

（8）搞好仓库清洁服务，防止物品霉变及虫害发生。

（9）做好防火、防盗安全检查，定期检查灭火器状况，落实安全防火制度。

（10）仓库重地严禁吸烟，坚守岗位，礼貌服务。

三、员工的管理

1. 日常工作

在清洁服务现场，对员工的清洗任务进行分派，以明确其作业内容和作业区域，见表3—12。

表 3—12　　　　　　　　　　　　　　派　工　单

派工人		派工时间	
作业内容		作业区域	

工作内容：

到岗时间		完成时间	
有无异常		执行人	
验收时间		验收人	

验收确认评语：

验收人签字：

采用表 3—13 所示的工作日志对员工的出勤和工作表现进行记录，以便于对其进行监督和检查。

表 3—13　　　　　　　　　　　　　　工　作　日　志

日期		天气	

员工出勤情况：

工作记录：

上级或甲方通知：

员工及顾客反映：

未完成或遗留事项：

2．现场培训

在清洁服务现场对员工进行培训时，培训方式有新员工培训、特殊工种培训和常态化的培训等。

培训内容主要涉及员工行为规范（包括劳动纪律、仪容仪表、行为举止和礼节礼貌等）、操作规范（包括清洁设备、工具和清洁剂的使用，清洁程序等）以及安全教育等。

在完成上述培训的主要内容之后，需填写员工培训登记表，见表3—14。

表 3—14　　　　　　　　　员工培训登记表

姓名		性别		出生年月	
工种		身份证号			
《新员工必读》学习	（若新员工已经通读了《新员工必读》，在下面签字） 签字：　　　　　　　　　　　　　　　年　　月　　日				
相关知识讲座	培训内容： 授课人：（签字）　　　　　　　　　　年　　月　　日 受训人：（签字）　　　　　　　　　　年　　月　　日 考核情况：				
现场实际操作培训	培训内容： 指导人：（签字）　　　　　　　　　　年　　月　　日 受训人：（签字）　　　　　　　　　　年　　月　　日 考核情况：				
备注					

3．员工纪律

（1）按时上下班，不得无故迟到早退。请事假须提前向项目经理申请，特殊原因要及时补请假，否则按旷工处理。病假须持医院证明，经项目经理批准后，方能休假。

（2）工作时不允许做与本职工作无关的事情。

（3）工作时间（含上班前用餐时）不得喝酒，不得在岗上吸烟。

（4）不在工作区域内用餐，不要在非休息时间和地点休息。上下班时应走员工通道。

（5）服从公司与甲方质检人员的检查与纠正。服从领导，按时、按质、按量完成领导交给的各项任务。

（6）自觉遵守公司及甲方的各项规章制度，爱护公司及甲方的各种设备、设施、用品等。损坏丢失机器设备、工具、工服按公司规定赔偿。

（7）在作业时，不得妨碍公共秩序及甲方人员（或顾客）活动，不许与甲方人员（或顾客）发生口角及打架。

（8）不动客人（或甲方人员）的物品，严禁偷盗行为。

（9）不许与客人（或甲方人员）拉关系、索要小费。不准向客人（或甲方人员）借东西。

（10）在商场内捡拾的一切物品一律上交，不许私自带走。

（11）客人赠送物品时应先向上级报告，得到批准后方可带走。

（12）下班后按规定离开工作现场，不得在岗上停留。

4．奖惩

（1）通过检查、抽查等形式对员工的工作情况进行考评，按月、季度、年度评选先进并给予奖励。

（2）对于清洁质量较差且教育不改的员工，应给予相应处罚，严重者做辞退处理。

第三节　设备、工具及物料管理

一、制订领料计划

根据合同规定、甲方要求、项目规模大小制订领料计划，内容包括设备、工具和清洁剂。

某清洁服务公司的物料计划单见表3—15。

表 3—15　　　　　　　　××××物料计划单　　　　　　编号：××

序号	物料名称	单位	申领数量	批准数量
1				
2				
3				
4				
5				
6				
7				
8				
9				
10				
填表人			年　月　日	
审核人			年　月　日	
批准人			年　月　日	

二、领料制度

建立严格的领料制度，指定专人发放用品。

某清洁服务公司的发料表见表3—16。

表 3—16　　　　　　　　××××发料表　　　　　　编号：××

序号	名称	数量	时间	签字
1				
2				
3				
4				
5				

续表

序号	名称	数量	时间	签字
6				
7				
8				
9				
10				

三、仓储管理

1. 入库

（1）物品入库前应当有专人负责检验，确定无火种等隐患后，方准进库。

（2）库房物品要分类入库，分类、分区、分架摆放并在醒目处标明物品的名称、性质和数量。

2. 存放

酒精、稀料等易燃物品设专柜存放在特定区域，并配置灭火器材，标明灭火方法。

3. 装卸

（1）装卸酒精、稀料等易燃物品时，必须轻拿轻放，严防震动、撞击、重压、摩擦和倒置。

（2）装卸作业结束后，应当对库房进行检查，确认安全后方可离人。

（3）各种机动车辆装卸物品后，不准在仓库院内停放和修理。

4. 发放

物料发放应遵循先进先出的原则，避免物料过期，减少浪费。

5. 其他

仓库院内不得搭建临时建筑物，确需搭建时，必须经企业批准。

47

第四节　作业管理

　　清洁服务现场管理是任何一家清洁服务公司（保洁公司）作业一线的综合管理，是履行清洁服务合同的重要环节，也是体现清洁服务公司是否专业、服务标准是否一流的最直观的场所。因此，清洁服务现场作业管理的好与坏，不仅影响到清洁服务合同是否能正常履行，而且直接影响到公司的声誉和今后的发展。

一、日常清洁作业现场管理

1. 大堂的清洁

（1）清洁服务项目

1）玻璃门、玻璃幕和间隔的擦拭。

2）各种家居摆设以及装饰物、标牌、消防器材等的擦拭。

3）墙壁和墙壁上装饰物、标牌、开关盒的掸尘、擦拭。

4）垃圾桶的倾倒、清洁。

5）柱子、扶手等的擦拭。

6）烟灰缸的倾倒、更换。

图 3—2　大堂

7）天花板、吊灯等特殊清洁项目。

8）地面及入口处脚垫的清洁。

（2）清洁程序

1）制定不同区域的清洁周期。大堂不同区域的清洁周期按表3—1所推荐的执行。

2）定时巡回清洁。定时巡回清洁就是按照策划的时间间隔对地面巡视清洁服务一遍，以除去地面垃圾、灰尘，擦去地面污渍、水渍，保持地面光亮、清洁。然后再去做其他清洁项目，规定时间内再巡回清洁服务地面……如此不断反复。

大堂最容易被脏污的地方是地面，客人首先接触和获得感觉的也是地面。地面每日清洁的频率应视客流量及其他因素来确定，一般来说，大堂地面每30分钟应定时巡回清洁一次，确保地面一直处于清洁状态。

大堂地面的日常清洁服务，应事先安排好作业顺序，依次擦拭。

规定每30分钟对地面巡回清洁服务一遍，实际上每巡回一遍的时间不过3～5分钟或再长一些。其余20多分钟时间，用来依次逐项清洁其他项目。

有的项目如烟灰缸的倾倒或更换，可结合地面巡回清洁服务来进行。

（3）清洁标准。清洁标准见表3—1。

（4）注意事项

1）为减少客人将室外尘土带入室内，大堂入口处应铺设防尘脚垫。遇到雨雪天气时，应加铺临时性的防护脚垫，并摆放"小心地滑"提示牌。

2）大堂入口区域应设专人推尘，随时清洁客人进入时的脚印。

3）在清洁过程中，不能妨碍大堂的正常秩序。

4）注意不要碰倒、碰坏大堂内的各种摆设和饰物。

2．商场营业厅的清洁

（1）清洁服务项目

1）地面清洁、推尘、拖擦及巡回清洁服务。

2）垃圾桶的倾倒、清洁。

3）柜台遗弃包装箱及垃圾的收集倾倒。

4）玻璃门、橱窗、玻璃幕和隔断的擦拭。

5）柜台角、橱窗角、墙角、踢脚板的擦拭。

6）墙壁饰物、窗台、标牌、展示板、扶手、栏杆的擦拭。

7）营业厅内摆设（花架、消火栓等）的擦拭。

图3—3 商场营业厅

8）灯具、灯架及消防门的擦拭。

（2）清洁程序

1）开业前

①开业前营业厅内没有顾客，应抓紧时间清洁地面。一般要求扫一遍，拖擦1~3遍。

②开业前各柜台都在上货。应在短时间内将各柜台遗弃的包装箱、包装纸收集清运到指定地点。

③如果前一天停业后垃圾清运不彻底或垃圾桶未来得及刷洗，此时应抓紧完成。

④开业前售货人员各自做柜台内卫生，打水、倒茶叶等，卫生间较混乱，要注意及时处理卫生间的垃圾、茶叶筐和地面水渍等，确保开业时以清洁光亮的地面迎接顾客。

2）营业中

①定时巡回清洁地面。开业后，大量顾客进入营业厅，地面会不断出现尘土、纸屑、果皮等垃圾和水渍、污渍，清洗人员应每隔半小时（视具体情况可再短些或再长些）对营业厅地面巡回清洁服务一次。

巡回清洁服务以推尘为主。推尘时要携带抹布，遇到水渍用抹布擦净。遇到垃圾用尘推推至适当的集中点收集。

巡回推尘时，顺便检查垃圾桶状况，如需要倾倒或清洁时，应及时处理。

②依次逐项清洁其他部位。每次对地面巡回推尘大约30分钟，其余时间可依次擦拭门窗、墙角、墙壁饰物、厅内摆设等应每日擦拭一遍的其他项目。

3）停业后。有的商场停业后需彻底刷洗地面，可安排夜班作业。有的商场停业后，只进行厅内垃圾的收集清运。具体安排应按商场要求确定。

（3）清洁标准。清洁标准见表3—1。

（4）注意事项

1）为减少客人将室外尘土带入室内，营业厅入口处应铺设防尘脚垫。遇到雨雪天气时，应加铺临时性的防护脚垫，并摆放"小心地滑"提示牌。

2）作业安排要根据实际情况灵活掌握。当顾客较少时，应抓紧时间用拖把拖擦地面；当顾客拥挤时，应进行边角擦拭。

3）商场客流量大，时常会有老、幼、病、残、孕等客人，作业时要十分注意，扫把、拖把等工具不能碰到顾客，不要影响顾客购物，不要引起顾客反感。

4）商场地面的彻底清洗，需要在夜间进行，清洗人员要主动与保安人员配合，不单独行动，不做令人怀疑的动作。

5）商场易燃物品多，夜间清洗人员又少，要十分注意防火。所用机器设备、插座板、引线等，事先必须严格检查，以防因漏电短路而引起火灾。

3. 办公室的清洁

（1）清洁服务项目

1）倾倒烟灰缸、纸篓等垃圾。

2）清洁地面。

3）擦拭办公桌、文件柜、沙发、茶几等家具。

4）擦拭门窗、窗台、墙壁及墙壁饰物。

51

图3—4　办公室

（2）清洁程序

1）备。准备好清洁工具，水桶、抹布、清洁剂、垃圾袋、吸尘器等。

2）进。每组2～3人，领班持钥匙开门，同时进入，门不要关。若办公室内有人，应先打招呼，得到允许后再作业。

3）查。进入办公室后，先查看有无异常现象、有无客人遗忘的贵重物品、有无已损坏的物品。如发现异常，先向上级主管报告后再作业。

4）倒。倾倒烟灰缸、纸篓、垃圾桶。倾倒烟灰缸时要检查烟头是否完全熄灭。倾倒纸篓、垃圾桶时，应注意里边有无危险物品或误丢的文件，并及时处理。

5）擦。从门口开始，由左至右或由右至左，依次擦拭室内家具和墙壁。抹布应按规定折叠、翻面。擦拭家具时，应由高到低、先里后外。擦拭墙壁时，重点擦墙壁饰物、电灯开关及插座盒、空调风口、踢脚板、门窗、窗台等。

6）整。台面、桌面上的主要用品，如电话、台历、台灯、烟灰缸等清洁后应按客人习惯的固定位置摆放，报纸、书籍码放整齐，不动文件资料及贵重物品。

7）换。收换垃圾袋、暖水瓶。

8）吸。按照先里后外，先边角、桌下，后大面的顺序，进行吸尘作业。椅子等设备挪动后要复位摆好。发现局部脏污应及时处理。

9）关。清洁作业结束后，清洗人员退至门口，环视室内，确认质量合格，然后关灯、锁门。

10）记。认真记录每日作业情况，主要包括清洗人员姓名、清洁房间号码、进出时间、作业时客户状态、锁门时间、家具设备有无损坏等。

（3）清洁标准。清洁标准见表3—2。

（4）注意事项

1）对办公室的日常清洁，由于受时间制约多，需要在规定的时间内迅速完成作业，因此必须有周密的清洁计划，事先设计好作业内容、作业路线、作业程序、作业时间，要求清洗人员按计划作业，动作利索快捷。

2）擦拭办公桌时，桌面上的文件、物品等不得乱动。如发现手表、项链、钱包等贵重物品，应立即向保安部门报告。

3）拖把、抹布等清洁工具可多准备几份，以减少往返投洗拖把、抹布的时间，提高短时间内突击作业的效率。

4）吸尘器噪声大，室内吸尘作业可安排在客人上班前或下班后进行。

5）办公室钥匙必须有严格的管理制度。除指定人员外，不得交给任何人。客人要求开门或在清洗人员作业时返回室内应严格按手续登记。

4．卫生间的清洁

（1）清洁服务项目

1）及时冲马桶、洗便池，不得留有污垢。

2）及时倾倒纸篓，纸篓内垃圾不得多于三分之一。

3）不断拖擦地面，做到无水渍、无垃圾、无灰尘、无污垢。

4）定时擦洗云台、面盆、马桶、便池等卫生设施。

5）定时擦拭门窗、隔断板、墙壁、窗台。

6）定时消毒，喷洒空气清新剂。

7）及时补充香皂、洗手液、香球、手纸。

图 3—5　卫生间

（2）清洁程序

1）备。作业前，备好以下器具：拖把、扫把、簸箕、水桶、抹布、洁厕剂以及手纸、香皂、香球、香盘等。

2）冲。进入卫生间之后，首先放水冲洗马桶、便池。

3）倒。扫除地面垃圾，倾倒手纸篓、垃圾桶、茶叶筐。同时将手纸篓、垃圾桶、茶叶筐冲洗干净。

4）洗。按照先云台面盆、后马桶便池的顺序，逐项逐个刷洗卫生设施。马桶要用专用刷子、板擦、百洁布等清洁工具和清洁剂刷洗。然后再用清水冲洗，用抹布擦干净。

5）擦。用浅色抹布擦拭门窗、窗台、隔板、墙面、镜面、烘手器等，必要时用刷子、百洁布刮刀等去污。

6）拖。用拖把拖擦地面，注意边角旯旮，注意便池周围，不要留有水渍。

7）补。补充手纸、香皂、洗手液、香球、垃圾袋等。

8）喷。按规定喷洒除臭剂、清香剂。

9）撤。撤去"清扫中"提示牌，把门窗关好。

（3）清洁标准。清洁标准见表3—3。

（4）注意事项

1）进入卫生间清扫前，要敲门并礼貌地询问是否有人，确认里面没人后再进入进行清洁作业。作业时应先摆放"清扫中"提示牌，以提醒客人注意并予以配合。

2）清洁卫生间应使用专用清洁工具，使用后应定期消毒，与其他清洁工具分开保管。

3）注意卫生间的通风，按规定开关通风扇或窗扇。

4）清洗人员要注意自身保护，作业时要戴防护手套和口罩，预防细菌感染及清洁剂损害皮肤。中间休息或作业完毕，应认真洗手消毒。

5．楼梯的清洁

（1）清洁服务项目

1）清洁楼梯地面的垃圾、尘土。

图3—6 楼梯

2）擦拭楼梯扶手及栏杆、挡板。

（2）清洁程序

1）用扫把扫除垃圾尘土。

2）用簸箕随时收集垃圾或集中到平台后再收集。

3）用抹布擦拭楼梯扶手、栏杆。

4）使用拖把、吸尘器清洁楼梯地面。

（3）清洁标准。清洁标准见表3—4。

（4）注意事项

1）遇到雨雪天气时，应摆放"小心地滑"提示牌。

2）清洁楼梯一般是从上至下倒退着作业，要注意安全，避免跌落事故。

3）清洁楼梯为立体作业，不能让垃圾、尘土等从楼梯边落下去。拖擦时，拖把不能太湿，不能让楼梯边侧面留下污水渍。

4）使用拖把、吸尘器时，应注意不要撞坏墙面、踢脚板。

5）用清洁剂刷洗楼梯时，应摆放"清扫中"提示牌，以防行人滑倒跌落。

6．电梯的清洁

（1）清洁服务项目

1）天花板、灯、电梯按钮的清洁。

2）电梯门及其下部沟槽的清洁。

图3—7 电梯

3）电梯轿厢墙壁和地面的清洁。

4）清洁电梯厅。

（2）清洁程序。按先上后下、先里后外分别对电梯的各个部位进行清洁。

（3）清洁标准。清洁标准见表3—5。

（4）注意事项。首先要确认无人的情况下才可清洁电梯，并要注意做好安全防护工作，如放置警示牌或围挡。其次，呼叫电梯停至所需工作的楼层，在工程部的配合下暂停电梯后利用钥匙关闭电梯。

7．电动扶梯的清洁

（1）清洁服务项目。擦拭电动扶梯扶手、玻璃挡板，刷洗踢脚板。

图3—8　电动扶梯

（2）清洁程序

1）电动扶梯前踏脚板清洁。

2）电动扶梯台阶清洁。

3）电动扶梯扶手擦拭及电动扶梯侧边擦拭。

4）玻璃挡板的擦拭。

（3）清洁标准。清洁标准见表3—6。

（4）注意事项。清洁电动扶梯时，应在电动扶梯停止运行时进行，以确保安全。

8．地下车库的清洁

（1）清洁服务项目

1）地面的清洁。

2）顶灯玻璃板及灯箱广告牌的擦拭。

3）各种标牌、指示牌、装饰物的清洁擦拭。

4）消防器材的清洁。

5）通风口的清洁。

图3—9　地下车库

（2）清洁程序

1）每隔半小时清洁地面一次。

2）擦拭墙面、出风口、照明灯具，以及各种标牌、装饰物等。

3）适时清运垃圾，刷洗垃圾桶等。

（3）清洁标准。清洁标准见表3—7。

（4）注意事项

1）地下车库车流量大，烟头废弃物较多，应及时捡拾、清洁。

2）清洁、巡视时，应穿反光背心，并注意来往车辆。

3）遇到雨雪天气时，地下车库出入口应及时铺设防滑垫，以便车辆安全出入。

9．垃圾的清运

（1）作业程序

1）收集。清洁服务之后，将垃圾收集起来，装入各楼层、各区域所设的垃圾桶内。

2）清运。在适当时间，用垃圾车将各楼层、各区域垃圾桶内的垃圾清运至垃圾集中场。

3）分类。将有回收价值的垃圾与其他垃圾分类存放。

4）外运。根据现场情况及当地环保规定，将垃圾运送到指定场所。

5）清洗。垃圾运走后，及时清洗垃圾桶，冲洗地面及周围环境。

6）消毒。清洗人员个人消毒及垃圾集中场环境消毒。

（2）清洁标准。清洁标准见表3—8。

（3）注意事项

1）垃圾应每天最少收集清运一次，必要时需多次清运。

2）垃圾应分类处理，可燃性垃圾要远离火种；易燃性垃圾应隔离，洒水后再收集处理。注意尖锐垃圾的捡拾和分类，避免造成伤害。

3）收集清运要选择适宜的通道和时间，不要给室内的客人造成麻烦和不便。垂直运输要使用货梯，不可使用客梯。运完垃圾后，必须及时清洁货梯轿厢。

4）收集清运时，垃圾车不能装得太满，垃圾不能散落，厨房垃圾的汤汁不能流出。垃圾桶应密闭并遮盖。

5）清洗人员应戴防护手套和口罩，作业后应认真洗手消毒。

10．外围环境的清洁

外围环境一般指的是建筑物的外围区域。

（1）清洁服务项目

1）地面的清洁，停车场的清洁。

2）外墙（2米以下）玻璃及出风口的清洁。

3）绿化带内垃圾杂物的清洁。

4）照明灯具的擦拭。

5）各种标牌、指示牌的擦拭。

6）装饰物品、艺术雕刻的清洁擦拭。

（2）清洁程序

1）每隔半小时巡视捡拾、清洁地面一次，清除地面上的塑料袋、纸屑、果皮、烟头等垃圾和水渍、污渍。

2）其余时间可依次擦拭外墙玻璃、出风口、照明灯具，以及各种标牌、装饰物等。

3）适时捡拾垃圾异物，清运垃圾，刷洗垃圾桶及周围地面。

（3）清洁标准。清洁标准见表3—9。

（4）注意事项

1）外围环境地面灰尘大，清洁时应采取措施尽力控制尘土飞扬。

2）外围人员流量大，烟头等废弃物较多，应及时捡拾、清洁。

3）遇到雨雪天气时，应及时扫水、扫雪、铲冰，以便客人及车辆的出入。

4）清洁、巡视时，应穿反光背心。

二、开荒作业现场管理

开荒作业是指对建筑施工、装饰装修完毕之后，由清洁服务公司第一次对遗留在建筑物内地面上的垃圾、水泥浆块、涂料以及墙壁、玻璃、电梯、扶梯、楼梯污染遗留物进行全面清洁处理，以达到日常清洁服务的效果。

开荒作业是一项艰苦、复杂的工作，开荒作业的清洁彻底与否直接影响到今后日常清洁服务的质量，所以做好开荒作业非常重要。

开荒作业的现场管理包括计划制订、费用预算计划、材料领用计划、现场组织和作业验收等环节。以某清洁服务公司为某企业在北京市密云县完成营业面积为3万平方米的开荒作业为例，开荒作业需要完成以下现场管理的各个相关环节。

1．计划制订

开荒计划是指根据需要开荒的作业面积、作业的区域、作业的内容、开荒作业人员的多少、甲方要求的作业完成时间等，同时还要考虑到建筑施工、装修施工完成的具体部位以及现场能够完成作业的必要条件（能否提供水源、电源、电梯、工具存放地等），本着施工验收完成一个部位开荒一个部位、封闭一个部位，减少重复开荒反复作业的原则制订出作业计划，见表3—17。

表 3—17　　　　　　　　　　　　开荒作业计划

作业地点：北京市密云县城 × × 公司

作业时间：2014 年 11 月 1 日至 11 月 10 日

作业面积：3 万平方米

作业人员：30 人

作业人员＼作业时间　作业内容	第一天	第二天	第三天	第四天	第五天	第六天	第七天	第八天	第九天	第十天
1F 地面清洁 垃圾收集、清运	30 人	30 人	30 人							
2F 地面清洁 清运垃圾 楼梯擦拭 地毯吸尘				30 人	30 人					
办公区地面清洗 玻璃擦拭 卫生间开荒						30 人	30 人	30 人		
车库清洗 外围清扫									30 人	30 人

开荒作业计划制订之后交给甲方一份，需要甲方了解开荒作业的区域、作业内容、作业人员的多少，并得到甲方与各施工方以及工程人员的协调和支持。

清洁服务公司应根据开荒计划内容，合理安排员工工作，并实时掌握工作进度，对在开荒作业中遇到的困难及时向甲方寻求解决方法。

2. 费用预算计划

开荒作业不同于一般的日常清洁工作，工作环境差、污染严重、劳动强度大，各种清洁设备、工具、清洁剂等都要比日常清洁的用量大、耗费多，因此人工费用、材料费以及管理费用等要比日常清洁多，一般是日常清洁费用的 1.5 ～ 2.5 倍。

为保证开荒作业的顺利完成，合理控制成本，必须对开荒费用预算进行计划，见表 3—18。

表 3—18 开荒费用预算计划表

设备：

工具：

清洁剂：

项目	费用（元）
人工费	
材料费	
管理费	
税金	
总计	

3．材料领用计划

材料领用计划应包括开荒作业所需的设备、工具、清洁剂等，见表3—19。

表 3—19 材料领用计划表

序号	设备	单位	数量
1			
2			
3			
4			
5			
序号	工具	单位	数量
1			
2			
3			
4			
5			
6			
7			
8			

续表

序号	工具	单位	数量
9			
10			

序号	清洁剂	单位	数量
1			
2			
3			
4			
5			
6			
7			
8			
9			
10			

　　开荒作业常用的设备有洗地机、吸尘吸水机等。

　　开荒作业常用的工具有扫把、簸箕、拖把、板刷、铲刀、涂水器、刮水器、伸缩杆、老虎夹、铲刀、抹布、百洁布、钢丝棉、清洁桶、垃圾袋、垃圾车、梯子、安全带、"小心地滑"提示牌等。

　　开荒作业常用的清洁剂有多功能清洁剂、洁厕剂、酒精、稀料、除胶剂、光亮剂、玻璃清洁剂等。

4．现场组织

　　在开荒作业的现场组织中，要做好以下几项工作：

　　（1）提前与甲方进行沟通，以确保水、电的提供。

　　（2）提前将开荒所用设备、工具、清洁剂等准备完毕。

　　（3）合理配备员工及其分组，以减少窝工现象。

　　（4）提前将工作地点、工作内容安排合理，时时检查质量，避免返工。

5．作业验收

　　根据所制订的开荒作业计划，对每天完成的开荒作业内容的情况是否达到甲方的要求编制出开荒作业验收单，见表3—20。

表 3—20　　　　　　　　　　开 荒 作 业 验 收 单

客户名称：

作业时间：＿＿＿年＿＿月＿＿日至＿＿＿年＿＿月＿＿日

作业区域：

工具材料：

参加人数：　　　　　　　　　人／日		作业工时：	
作业项目		作业标准	甲方意见
1. 天花板清洁			
2. 顶部灯饰、空调风口及装饰清洁			
3. 卫生间清洁			
4. 会议室清洁			
5. 电梯厅清洁			
6. 地面石材清洁			
7. 玻璃内外清洁			
验收人			

情况说明：

63

　　开荒作业验收单的基本内容包括作业时间、作业区域、作业人员、使用材料、作业完成情况、质量是否达标、验收人签字等，同时还要有对未能完成开荒作业计划的情况说明。

单元练习题

一、单项选择题（每题所给的选项中只有一项符合要求，将所选项前的字母填在括号内）

1. 清洁服务现场管理的准备中熟悉环境是指熟悉重点区域和（　　　）。

A. 普通区域　　　　　　　　　　　B. 周边社区环境

C. 项目交通环境　　　　　　　　　D. 甲方领导办公区域

2. 制订的领料计划所包括的内容有设备、（　　　）和清洁剂。

A. 工服　　　　　B. 工具　　　　　C. 办公用品　　　　D. 对讲机

二、多项选择题（每题所给的选项中有两个或两个以上正确答案，将所选项前的字母填在括号内）

1. 清洁服务现场管理的准备中熟悉甲方是指熟悉甲方的（　　　）。

A. 直接领导　　　　　　　　　　　B. 间接领导

C. 工作特点及方法　　　　　　　　D. 所有工作人员

2. 清洁服务现场管理的准备中熟悉员工是指熟悉员工岗位分布及（　　　）等。

A. 工作技能　　　B. 社会关系　　　C. 素质高低　　　D. 思想动态

3. 清洁服务现场质量检查的方法包括（　　　）等。

A. 甲方检查　　　　　　　　　　　B. 员工自查

C. 领班巡查　　　　　　　　　　　D. 项目经理巡查

三、判断题（判断下列各题的对错，并在正确题后面的括号内打"√"，错误题后面的括号内打"×"）

1. 在清洁服务现场管理中，项目必须要设一名项目负责人，同时可根据实际情况设置多名领班。　　　　　　　　　　　　　　　　　　　　　　（　　　）

2. 领班的工作职责之一是直接对项目经理负责，承担公共区域清洁服务管理责任。　　　　　　　　　　　　　　　　　　　　　　　　　　　　　（　　　）

3. 开荒作业的现场管理包括计划制订、费用预算计划、材料领用计划、现场组织和作业验收等环节。　　　　　　　　　　　　　　　　　　　　　　（　　　）

四、问答题

1. 清洁服务现场管理的内容有哪些？

2. 在质量检查中，如果发现问题怎样进行整改？

3. 在日常的清洁服务工作中，怎样进行成本控制？

4. 什么是开荒作业？

单元练习题答案

一、单项选择题

1. A 2. B

二、多项选择题

1. ABC 2. ACD 3. BCD

三、判断题

1. √ 2. √ 3. √

四、问答题（略）

第四单元　清洁服务项目管理

Chapter4 QINGJIE FUWU
XIANGMU GUANLI

第一节　清洁服务项目及管理概述

一、清洁服务项目及其特性

清洁服务项目是一种一次性的工作，它应当在规定的合同期限内，由专门组织起来的人员（管理人员及员工）来完成；它应有一个明确的预期目标（质量标准、企业盈利）；还要有明确的可利用的资源范围（设备、工具、清洁剂），且需要运用多种学科的知识来解决问题。

项目特性包括唯一性、资金固定性、时限性、增减性和目的性。唯一性是指各项目之间是不同的，每个项目都有其特点。资金固定性是指可利用的资金事先已有预算，并已经约定，不会再有其他资金的支持。时限性是指清洁服务项目一般都有时限要求，执行期通常为 1 年，个别情况可达 2 ~ 3 年。增减性是指项目执行做得好与差，直接影响到公司项目业务量的增加与减少。目的性是指项目必须有确定的目标。

67

二、项目管理及内容

与项目的概念相对应，项目管理是项目管理者在一个确定的时间范围内，为了完成一个既定的目标，并通过特殊形式的临时性组织运行机制，进行有效的计划、组织、领导与控制，充分利用既定有限资源的一种系统管理方法。

项目管理是以项目经理负责制为基础的目标管理，其内容包括范围管理、时间管理、成本管理、质量管理、人力资源管理、沟通管理、风险管理、采购管理和集成管理。

1. 项目范围管理

项目范围管理是为了实现项目的目标，对项目的工作内容进行控制的管理过程。它包括范围的界定、范围的规划、范围的调整等工作。

2．项目时间管理

项目时间管理是为了确保项目按时完成的一系列管理过程。它包括具体活动界定、活动排序、时间估计、工期安排及时间控制等项工作。

3．项目成本管理

项目成本管理是保证项目在批准的预算范围内完成项目的过程，包括资源计划的编制、成本估算、成本预算与成本控制。

4．项目质量管理

项目质量管理是为了确保项目达到客户所规定的质量要求所实施的一系列管理过程。它包括质量规划、质量控制和质量保证等。

5．人力资源管理

人力资源管理是为了保证所有项目关系人的能力和积极性都得到最有效的发挥和利用。它包括组织的规划、团队的建设、人员的选聘和项目的团队建设等一系列工作。

6．项目沟通管理

项目沟通管理是为了确保项目信息的合理收集和传输所需要实施的一系列措施。它包括沟通规划、信息传输和工期报告等。

7．项目风险管理

项目风险管理涉及项目可能遇到各种不确定因素。它包括风险识别、风险量化、制定对策和风险控制等。

8．项目采购管理

项目采购管理是为了从项目实施组织之外获得所需资源或服务所采取的一系列管理措施。它包括采购计划、采购与征购、资源的选择以及合同的管理等项目工作。

9．项目集成管理

项目集成管理是指为确保项目各项工作能够有机地协调与配合所开展的综合性和

全局性的项目管理工作和过程。它包括项目集成计划的制订、项目集成计划的实施、项目变动的总体控制等。

第二节　清洁服务项目的人员管理

一、项目管理人员的能力要求

1. 以身作则

以身作则可以直接反映出一个管理人员的管理能力。

作为一名项目管理人员，在工作中要以自己的行动做出榜样，做好员工的带头人。少用语言多用行动和自身形象来影响员工、带动员工、引导员工和教育员工。

2. 业务素质

业务素质是项目管理人员在完成项目管理的过程中所具备的综合能力体现。项目管理人员要熟练掌握本班组或部门的理论知识和业务操作技能。

项目管理人员的业务素质体现了管理团队的层次和水平。

3. 公平、公正

在项目管理工作中，最忌讳的是在执行规章制度的过程中不公平、不公正。任何因小团体、私人关系好恶等造成的偏袒，都会引发员工的不满，从而导致项目管理者的信任危机，并直接影响到规章制度的执行与工作的开展。

4. 坦诚相待

项目管理人员在项目管理工作中，应能听进不同的声音。特别是对提出不同看法的员工，应以坦诚相待的态度对待，不能置之不理和排斥，甚至打击报复，否则会让员工产生抵触情绪。

5. 学习能力

作为项目管理者，应该千方百计抽出时间不断学习。只有不断学习，才能提高自

69

身素质，才能及时掌握行业动向，从而更好地引导和培训员工不断进步。

6. 培训能力

作为一名项目管理人员除了做好自身工作外，还应针对员工工作中存在的不足和阶段清洁计划做好培训工作。只有团队大部分员工都是积极上进的、都是技术熟练的，整个团队才能有战斗力。

7. 分析、判断能力

对工作中出现的问题和员工的工作表现，应根据事实做出客观的分析、判断与评价，不可人云亦云，不能优柔寡断，更不能参与传播道听途说的小道消息。

8. 责任心

责任心是对自己行为后果负责的敬业精神，是对事情敢于负责、主动负责的态度。特别是工作中出现失误时，要勇于承担责任，不推卸责任，并积极寻找原因，及时改正，防止类似事情的再次发生。

9. 沟通、协调能力

与甲方、客户、业主及员工进行有效的沟通、协调，能够有效促进问题的解决。

10. 语言能力

语言包括形体语言和口头语言。形体语言主要体现在和领导沟通、与员工的交流中能使用正确的形体语言。口头语言主要指在管理和服务语言中不能使用生硬的命令、训斥、讥讽、漫骂、威胁等语言。在管理过程中使用不恰当的语句，会给员工造成心理压力，让员工觉得反感，甚至开始抵触。

11. 应变能力

在出现紧急突发事件时，能够兼顾各方利益，寻求最佳结合点，圆满解决问题。项目管理人员应在平时的工作中不断地积累经验，提升自己的应变能力，在出现突发事件时做到临阵不乱。

12. 观察力

通过细致的观察，可以更好地了解他人，了解事实真相，以便更好地开展工作。

13. 组织能力

良好的组织能力是项目管理人员完成工作的保证。组织能力是指组织员工完成清洁服务目标的能力，它是项目管理人员成功有效地完成清洁服务目标的重要能力。

二、授权

授权是指管理者把由自己全权负责的一项任务委托他人完成。

授权的目标是促进团队合作、提高绩效、实现目标。

1. 授权的方法

（1）管理者的主要工作是找到正确的方法和正确的人去实施，作为管理者应尽可能地把没有时间去做的事情、把别人做得更好的事情、把不能充分发挥能力的事情，果断地托付给他人去做，从而让自己有充足的时间思考和处理更重要的事情。

（2）授权可用全面质量管理的方法来控制，促进具体工作的质量和价值实现。

（3）在授权之前，必须明确任务、目标、规则、时间和权限，可用任务书、时间进度控制表等作为管理辅助工具，让执行者最大限度地明确自己所接受的任务。授权任务书的内容见表4—1。

表 4—1　　　　　　　　　　　　授权任务书的内容

组成部分	描述
目标	明确任务，用简明扼要的语言列出主要目标和分目标
资源	指明可利用或需要争取的人员、资金和设备
时限	确定日程表，注明检查内容、阶段性任务完成时间和最终期限
方法	说明已与被授权者议定的工作程序，并标注要点
权限	指明被授权者的权力范围及他们应向谁汇报

（4）授权时可用会议的方式，详细说明任务内容、授权时限、相关责任和权力、应急预案等事项。

（5）对授权的控制方法包括有效指导、沟通信息、检查工作进度等。

（6）随时关注被授权者的工作进展情况，公开鼓励被授权者以及其团队的工作，增强他们的自信心。在遇到问题时也要耐心分析，找到原因，制定解决方案。

（7）任务完成之后，要感谢被授权者及其工作团队，懂得欣赏他们的努力精神和成果，并以适当的方式进行表彰、鼓励。

2．授权的作用

（1）授权是一种管理责任，是打造团队的有效方法之一。

（2）授权是一种管理意识，可培养员工对公司的忠诚度。

（3）授权是为公司培养人才最好的途径之一。

（4）授权可不断创新并增强企业工作的灵活性。

（5）授权可增加领导者的有效时间，缓解领导者的压力。

（6）授权可激励员工不断进取，提升管理团队的工作质量，提升管理业绩。

（7）授权可作为员工培训的有效方法，推动企业管理健康发展。

3．授权的注意事项

（1）授权时要将责任、权力和时间一同授权出去，而不能偏颇某一项。

（2）不可将策略规划、危机管理、薪酬管理、晋升管理进行授权。

（3）授权意味着对任务总体负责，而不是直接控制任务。

（4）为确保工作保质保量地完成，必须对被授权人和工作任务进行评估。

（5）授权必须明确责任，让责任成为授权的核心。

（6）授权要求授权者对授权管理有必要的把控能力。

（7）授权必须对被授权人进行正确的评估，经历、经验、责任心是评估的重点。

72

第三节　编制清洁服务方案

清洁服务方案编制工作依据工作流程主要包括以下八个方面：

一、勘查现场

包括建筑结构、建筑装饰材料、清洁作业的面积等，以便考虑实际工作中可能遇到的问题，如高处作业、狭窄空间作业等。

二、确认清洁服务范围

与客户沟通并确定其所需的清洁服务范围。

三、设置清洁服务项目

1．日常项目

如地面、门窗、卫生间、走廊等。

2．客户要求

除日常项目外的客户一些特殊要求，如灯具、顶面、电器、办公设备、陈列物品等。

3．环境要求

根据清洁服务场所的性质及周边环境，增加相应的项目，如医院的消毒项目、计算机机房的除静电项目等。

四、确定清洁服务时间与频率

清洁服务时间与频率是根据客户要求以及现场实际污染情况来确定的。

1．依据客户要求

根据客户的要求，清洁服务范围内不同的区域进行清洁的时间段与频率会有不同，如客户工作期间不便打扰、某些工作应在特定时间段进行等。

2．依据现场实际污染情况

根据清洁服务范围内不同区域的污染程度，确定不同的清洁频率。如大堂、走廊等公共区域污染较重，清洁频率应相应加强。

五、配置清洗人员

清洗人员的配置主要考虑清洁范围的大小、清洁频率、工作时间和工作强度。

1．清洁范围的大小

即根据不同区域的面积大小，确定所需清洗人员数量。

2．清洁频率

即根据清洁频率的强弱，确定清洁工作的分配。如清洁频率高的项目可考虑专人专项负责制。

3．工作时间

根据不同的清洁项目所进行的时间段有所不同，要考虑清洗人员的排班情况。如某些项目需在夜间进行，应安排相应的清洗人员上夜班等。

4．工作强度

根据不同项目的工作强度，安排相应的清洗人员，要考虑清洗人员的数量、年龄、性别、工作能力等。

六、配备设备、工具和清洁剂

1．清洁范围大小

根据不同区域的面积，确定清洁设备、工具、清洁剂的数量。

2．建筑装饰材料

根据不同的建筑装潢材料，确定清洁设备、工具、清洁剂的种类。

3．客户要求

不同区域客户可能会有相应特殊的要求，如餐厅内消毒柜的配置、电子设备聚集的室内静电除尘剂的配置、卫生间内自动喷香剂的配置等。

七、制定应急预案

考虑项目现场可能发生的突发事件，配备相应的机动人员，提前制定应急预案。如对于管道堵塞所引起的房间进水导致室内地毯污染等情况，应提前制定预案，安排机动人员及时处理，以不影响其他清洁项目的正常进行。

八、成本核算

成本核算包括员工工资、设备折旧、材料损耗、保险、管理费用以及税收等项目。

1．员工工资

员工工资包括基本工资、奖金、加班工资、岗位津贴等。

2．设备折旧

设备折旧指的是可反复使用的清洁设备及工具的折旧费用，如擦地机、吸水机、伸缩杆、尘推、水刮、涂水器、拖把、扫把、簸箕等。

3．材料损耗

材料损耗指的是项目现场所必须消耗且不可反复使用的清洁材料，如清洁剂、垃圾袋等。

4．保险

保险指的是为员工缴纳的社会及商业保险所产生的费用。

5. 管理费用

管理费用指的是用于管理此清洁项目过程中所必需的费用支出，如材料运输、管理人员办公费用等。

6. 税收

税收指的是企业运营中向国家缴纳的各项税款，如营业税、所得税等。

单元练习题

一、判断题（判断下列各题的对错，并在正确题后面的括号内打"√"，错误题后面的括号内打"×"）

1. 项目管理是以项目经理负责制为基础的目标管理。 （ ）

2. 在授权之前，必须明确任务、目标、规则、时间和权限。 （ ）

3. 一般情况下，项目的资金可以随时调整。 （ ）

二、问答题

1. 项目管理的内容有哪些？

2. 项目管理人员的能力要求有哪些？

3. 清洁服务方案编制的基本步骤及内容有哪些？

单元练习题答案

一、判断题

1. √ 2. √ 3. ×

二、问答题（略）

第五单元　清洁剂管理

第一节　清洁剂概述

清洁剂是与清洁有关的所有化学产品，包括常规清洁剂和特殊保养剂。

一、清洁剂的构成

清洁剂的主要成分由表面活性剂和助剂两部分构成。

表面活性剂是一种能显著降低液体表面张力的物质，起到润湿、增溶、乳化、分散等作用。表面活性剂的分子结构有一个共同特点，一端是亲水基，另一端是亲油基，因而它们在水中和油中都有较好的溶解性。

助剂是能使表面活性剂充分发挥活性作用，从而提高清洁效果的物质，如螯合剂、磷酸盐、碳酸盐、软水剂、填充剂、酶制剂、溶剂、荧光增白剂、缓蚀剂、抗再沉积剂、酸、碱、香精等。

79

二、清洁剂的清洁原理

总体上讲，清洁剂的清洁原理是通过减弱或消除污垢与清洁对象之间的相互作用，使污垢与清洁对象的结合转变为污垢与清洁剂的结合，并最终实现污垢与清洁对象的分离。

清洁剂的清洁作用可用以下的方程式表示：

$$清洁对象 \cdot 污垢 + 清洁剂 \Longleftrightarrow 清洁对象 + 污垢 \cdot 清洁剂$$

清洁剂的作用是从各种清洁对象上完全、快速地去除各种污垢，并且对清洗人员、清洁对象和环境都是安全的。

清洁的水平不仅依赖于清洁剂的组成，也与清洁剂浓度、清洁对象、污垢特性和清洁工艺等有关。

清洁剂清洁原理如图 5—1 所示。表面活性剂分子对油性污垢润湿和渗透，使污垢从清洁对象表面脱离下来。再利用表面活性剂的乳化、分散作用，进一步把脱离下来的油性污垢稳定地分散在水中。

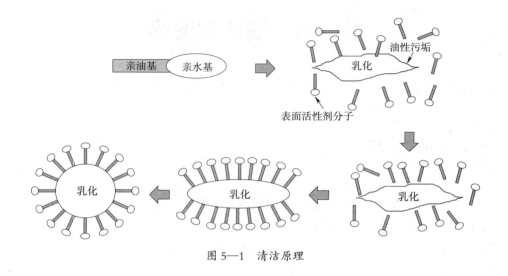

图 5—1 清洁原理

三、影响清洁剂清洁作用的因素

80

影响清洁剂清洁作用的主要因素如图 5—2 所示。

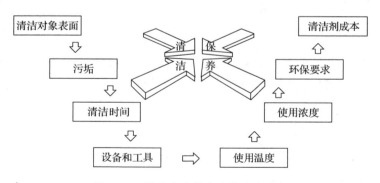

图 5—2 影响清洁剂清洁作用的因素

（1）清洁对象表面。清洁对象表面不同、材质不同，对清洁剂的要求也不同，而且差异很大。比如瓷砖表面和石材表面，对清洁剂的酸碱度要求差别非常大。

（2）污垢。污垢的来源不同、性质不同、附着的材质不同、污染的程度不同、沉积的时间长短不同等，所需要的清洁剂有很大差异，一旦用错清洁剂，不但污垢清除不掉，还会带来二次污染，甚至伤害清洁对象。

　　比如洒在地毯上的茶水，需要专业的饮品去渍剂精准清除，非常简单，一喷即除，不留痕迹。但是，有的公司错误地选用 84 消毒液清洗，不但茶渍没有去掉，还把地毯的颜色漂白了，形成了永久性伤害。再比如清洁石材上的污垢，严禁使用强酸性清洁剂，但有的公司使用盐酸类清洁剂，污垢清除的同时，石材也被腐蚀了，不能恢复。

　　（3）清洁时间。清洁剂的效果与清洁时间有关，一般情况下，清洁时间越长，清洁剂的效果越好。比如清洁厨房油烟机，将强力除油剂喷洒在油烟机上，多停留一段时间，再用清洁工具，清洁效果会很好。

　　（4）设备和工具。清洁剂与设备和工具要有机结合，设备先进，清洁剂的使用量和成本会降低，反之则高。

　　（5）清洁剂的使用温度。温度升高可加速化学反应，从而使清洁剂的作用更加有效。从理论上讲温度越高清洁效果越好，但在实际清洁服务中往往需要控制温度。不同的清洁剂和不同的清洁对象，对温度要求也不一样。比如真丝材质要求的温度不能高于 40℃，而石材等硬表面可以使用超过 100℃的高压蒸汽。

　　（6）清洁剂的使用浓度。清洁剂的使用浓度要按照使用说明操作，根据污染程度和陈旧程度，选择合适的浓度，浓度太低效果较差，浓度太高又增加成本。比如擦玻璃所用的玻璃清洁剂，如果 1∶20 的浓度就可以达到清洁标准，浓度太高则增加成本，而且增加环境污染。

　　（7）清洁剂的环保要求。清洁剂对环境的影响越来越大，与人们健康密不可分。清洁剂用后随水排放，会影响环境，因此，清洁剂的环保问题正越来越多地引起各界的注意，并为解决这一环境问题而努力。

　　今后，清洁剂会越来越多地使用生物降解性好的原料，比如，减少支链烷基酚聚氧乙烯醚（ABS）的使用，增加直链烷基酚聚氧乙烯醚（LAS）的使用。

　　很多客户只想买到便宜的清洁剂，认为可以物美价廉，但真实的情况是，清洁剂价格便宜很多是因为填充了大量的无效"填充物"，对环境造成污染。比如大量使用元明粉（Na_2SO_4），元明粉价格低廉，对清洁没有实际效果，因为是无机盐，造成盐碱地，对环境影响很大。

　　（8）清洁剂的成本。清洁剂的成本分为直接成本和间接成本。

　　清洁剂的购买价格就是直接成本，可以直接核算出占清洁服务价格的比例，一般占到 2%～3%。

　　但是，清洁剂的价格不代表清洁剂的价值，对于一个清洁服务项目，间接成本也是一个非常重要的指标，它的时效性和项目相关。

比如洁厕灵，优质优价的洁厕灵含有缓蚀剂和自清洁效果，没有对马桶釉面的损伤，降低清洁频率和减少洁厕灵的用量，所以间接成本很低；低质的洁厕灵就是盐酸＋水，第一次清洗的效果非常好，非常干净，但是，由于洁厕灵没有缓蚀剂，也没有自清洁的效果，随着清洗次数增加，对马桶釉面的损伤越来越大，马桶就越来越容易脏，清洗的频率也越来越高，洁厕灵的用量也越来越大，从此陷入恶性循环，同时，马桶有可能很快损坏，需要更换。由此可见，低质清洁剂的间接成本是非常高的。

四、清洁剂的分类

清洁剂种类繁多，分类方式也很多，在此仅举两例，见表5—1。

表 5—1　　　　　　　　　　　清洁剂的分类方式

分类方式	清洁剂的类型
根据化学性质 （清洁服务公司常用）	酸性
	中性
	碱性
根据用途	常规清洁剂
	特殊保养剂

1. 根据化学性质分类

清洁服务公司面对的清洁对象种类繁多、分布复杂，清洁对象有的怕酸，有的怕碱，有的怕酶。

为了减少对清洁对象的伤害，也为了便于清洗人员了解和操作，很多清洁服务公司对清洁剂按酸碱性质大致进行分类，通常用 pH 值来表示。pH 值是一个表示溶液酸性或碱性程度的数值。当 pH 值＝7 时，溶液为中性；当 pH 值＜7 时，溶液呈酸性；当 pH 值＞7 时，溶液呈碱性。如图5—3所示，pH 值越小，溶液的酸性越强；pH 值越大，溶液的碱性越强。

（1）酸性清洁剂。酸性清洁剂通常为液体，也有少数为粉状。

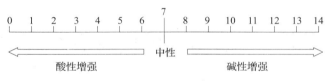

图 5—3　pH 值

因为酸性具有一定的杀菌除臭功能，且能中和尿碱等顽固污垢，所以酸性清洁剂主要用于卫生间的清洁。

因为酸性清洁剂有腐蚀性，所以在用量、使用方法上都需要特别留意，禁止在地毯、石材、木器和金属器皿上使用酸性清洁剂。

酸性清洁剂的品种有很多，功能也略有差异，使用前要特别留意说明书，最好先做小面积试用，得到认可后才可推广使用。

常见的酸性清洁剂有洁厕剂、消毒剂、除垢剂和大理石翻新剂等。

（2）中性清洁剂。化学上把 pH 值 = 7 的物质，称为中性物质。而在清洁服务领域，则把 pH 值介于 6 和 8 之间的清洁剂皆称为中性清洁剂。中性清洁剂的配方温和，不会腐蚀和损伤清洁对象，对清洁对象起到清洁和保护作用。中性清洁剂的主要功能是除污保洁，因此在日常清洁中被广泛运用。

中性清洁剂有液体、粉状和膏状，其缺点是无法或很难去除积聚严重的污垢，目前广泛使用的多功能清洁剂即属此类。

多功能清洁剂、洗手液、石材光亮剂等属于中性清洁剂。

（3）碱性清洁剂。碱性清洁剂既有液体、乳状，又有粉状、膏状。用于清洁的清洁剂绝大多数是碱性。

碱性清洁剂对于清除油脂类污垢和酸性污垢有较好效果，但在使用前应稀释，用后应用清水漂清，否则时间长了会损坏被清洁对象的表面。

碱性清洁剂的主要产品有地毯清洁剂、瓷砖清洁剂、玻璃清洁剂和起蜡水等。

2．根据用途分类

（1）常规清洁剂。通过清洁剂的作用，能够完全、快速地去除清洁对象的各种污垢。常见的有多功能清洁剂、玻璃清洁剂、洁厕剂、消毒剂等。

（2）特殊保养剂。对清洁对象表面进行保护的清洁剂，使材料表面具有某些特殊功能。常见的有去渍剂、家具蜡、金属光亮剂等。

第二节　清洁与养护中清洁剂的使用

由于清洁对象的不同、污垢情况的复杂，而且清洁剂种类众多、效能参差不齐、价格差异大，所以，选择正确的清洁剂和正确的使用方法变得越来越重要。

一、清洁与养护

清洁是将清洁对象的污染物和不受欢迎的物质去除的一种行为，以减少对人体健康和贵重材料的损坏和伤害，恢复其原有的色彩与质感。

养护是指清洁对象在清洁之后，对清洁对象的维护与保持。通过养护，减少其清洁次数，延长清洁对象的使用寿命。

现代清洁的口号是"为养护而清洁"。也就是说，必须在清洁对象不受破坏的前提下进行清洁工作。

84

二、常用清洁剂的作用

使用合适的清洁剂不仅省时、省力，提高工作效率，而且可延长清洁对象的使用寿命，但清洁剂和清洁对象都有较复杂的化学成分和性能，若清洁剂使用不当，不仅达不到预期效果，相反还会损伤清洁对象，因此，选择合适的清洁剂对使用者来说是非常重要的。

1. 酸性清洁剂

（1）盐酸。主要用于清除建筑污垢，如水泥、石灰等斑垢，效果明显。

（2）硫酸。能与尿碱起中和反应，可用于卫生间马桶的清洁，但不能常用且必须少量。

以上两种酸性清洁剂是强酸，使用时要特别注意安全，清洗人员一定要戴护目镜和防护手套进行操作，如果溅到皮肤上必须马上用清水冲洗，并用碱性清洁剂中和，严重时尽快到医院处理。这两种酸性清洁剂可稀释使用，用于清除顽固尘垢，但不能将浓缩液直接倒在清洁对象表面。

（3）草酸。用途与盐酸、硫酸相同，只是因为是固体，安全性强一些，清洁效果弱于盐酸和硫酸。

（4）洁厕剂。洁厕剂为卫生间马桶专用清洁剂，具有独特的渗透功能，且含有金属缓蚀剂，能有效去除水锈、尿碱等顽固污渍，能迅速高速地清除瓷砖及瓷盆上形成的锈迹、水垢和石灰渍。

使用时需戴上护目镜和防护手套，将稀释后的液体直接喷洒在马桶表面，然后使用清洁工具进行刷洗，最后用清水冲洗干净。

（5）除垢剂。除垢剂是一种去除水垢、污垢等多种垢渍的清洁剂，一般由多种组分复配而成。工业用除垢剂主要用于去除换热设备、锅炉等内壁的污垢，家用除垢剂主要用于去除饮水机内的污垢。

（6）地毯保养剂。地毯清洁后，用含有弱酸、柔软剂和抗静电剂的地毯保养剂处理，可以保护地毯纤维，提高舒适度。

2．中性清洁剂

（1）多功能清洁剂。多功能清洁剂是一种高效、去污力特强的万能清洁剂，有着柠檬香味、自然溶解油脂的能力，广泛用于厨房、卫生间、酒店等的清洁，清洗地毯、浴缸、马桶、厨具等不会伤害表面光泽，起到高效保养作用。

（2）洗手露。集洗手、润肤、除臭、杀菌等多功能于一体，黏稠带珠光液体，外观悦目，气味芬芳，泡沫丰富。洗手清新爽洁，极易过水。

3．碱性清洁剂

（1）玻璃清洁剂。玻璃清洁剂有桶装和高压喷罐装两种。前一种类似多功能清洁剂，主要功能是除污斑。使用时需装在喷壶内，对准污渍喷一下，然后用干布擦拭即光亮如新。后一种内含挥发性溶剂、芳香剂等，可去除油垢，用后留有芳香味，且会在玻璃表面留下透明保护膜，更方便以后的清洁工作，省时省力效果好，但价格较高。

（2）地毯清洁剂。这是一种专门用于洗涤地毯的碱性清洁剂，因含泡沫稳定剂的量有区别，可分为高泡、低泡和无泡三种。

（3）硬地面清洁剂。含有多种表面活性剂和助剂的碱性清洁剂。

（4）起蜡水。含有多种表面活性剂和助剂的碱性清洁剂，具有极强的渗透性和溶解性。用于需要再次打蜡的大理石和木质地面。起蜡水碱性强，可将陈蜡及脏垢浮起而达到去蜡功效。使用时应注意需反复漂清地面后才能再次上蜡。

（5）洗涤灵。洗涤灵也称洗洁精，可清除餐具上的油污，有效去除瓜果蔬菜上的残留农药，是人们日常生活中最常用的洗涤产品之一。

（6）84消毒液。主要成分是次氯酸钠，呈碱性，可作为卫生间的消毒剂，又可用于消毒杯具，但一定要用水漂净。

4．保养剂

（1）家具蜡。在清扫工作中，如果清洗人员只是用湿布对家具进行除尘，家具表面的油污等不能除去，对此，可定期用稀释的多功能清洁剂进行彻底除垢，但长期这样做会使家具表面失去光泽，所以还应定期使用家具蜡。

家具蜡有乳液、喷雾、膏状等几种，具有清洁和上光双重功能，既可去除家具表面动物性和植物性油污，又可形成透明保护膜，具有防静电、防霉的作用。

（2）石材光亮剂。石材光亮剂具有增光、防护、加深石材纹理、弥补石材表面鸡爪纹的缺陷、增强石材表面强度等多重功效。石材光亮剂在石材表面及内部形成一道坚硬的防护层，具有防水、防污、耐酸碱、抗老化、抗冻融、抗生物侵蚀等功能，从而达到提高石材使用寿命和装饰效果。经石材光亮剂处理后的石材表面分子结构更加致密，石材光泽度大幅度提高，接近或达到镜面效果。

（3）金属光亮剂。主要作用表现在通过表面活性剂除去金属表面的油污、氧化及未氧化的表面杂质，保持金属物体外部的洁净、光泽度、色牢度。通过研磨作用影响外观的质感，提高抛光的效率。

（4）皮革保养剂。使用皮革保养剂后，真皮柔软、耐用，有效防止皮革发霉。

（5）铜亮剂。铜亮剂是针对纯铜制品的清洁剂，它能有效去除铜表面的各种污渍、锈斑及霉斑，同时在其表面形成一层保护膜。

（6）地面蜡。地面蜡有封蜡和面蜡之分。封蜡主要用于第一层底蜡，内含填充物，可堵塞地面表层的细孔，起光滑作用；面蜡主要是打磨上光，增加地面光洁度和反光强度，使地面更为美观。

蜡有水基和油基两种。水基蜡一般用于大理石地面，其主要成分是高分子聚合物，干燥后会形成一层薄薄的保护膜；油基蜡主要成分是矿物石蜡，常用于木质地面。蜡的形态有固体、膏状、液体三种，比较常用的是膏状地面蜡和液体地面蜡。

5．溶媒清洁剂（有机溶剂）

在清洁工作中还经常用到溶媒清洁剂。这种清洁剂是有强烈异味，且易挥发的液体。

（1）地毯去渍剂。专门用于清除地毯上的特殊污渍，对羊毛地毯尤为合适，地毯去渍剂种类很多，如清除果汁污渍、油脂类污渍、口香糖污渍等。

（2）牵尘剂（静电水）。用于浸泡尘推，对免水拖地面如大理石、木质地面进行日常清洁和保养，可达到清洁保养地面的效果。

（3）酒精。适用于电话消毒等清洁项目。

（4）空气清新剂。空气清新剂一般为高压罐装，含有杀菌的化学成分和香料，具有杀菌、去除异味、芳香空气的作用。

6．生物清洁剂

（1）加酶清洁剂。以酶作为助剂的清洁剂称为加酶清洁剂。与传统清洁剂相比，加酶清洁剂的去污能力更强，应用范围更广。

（2）生物清洁剂。生物清洁剂是一种多种孢子混配生物制剂，其中含有的新型 Ka 生物菌群，已被证实其具有优秀的产酶性能，在有机废物处理方面应用广泛。可用于下水管线、隔油池的维护，提高化粪池和废物降解的能力，清洁和气味控制等。

三、使用清洁剂进行清洁与养护的方法

1．清洁方法

（1）物理除污。通过擦拭、清扫、铲除、吸尘、润滑、溶解、高压冲洗、打磨和抛光等物理方式去除清洁对象表面的污垢。

（2）化学除污。利用氧化、还原、分解、皂化、乳化等化学反应过程去除清洁对象表面的污垢。

（3）生物除污。利用微生物的分解、消化作用去除污垢。

上述三种方法很多需要清洁设备和清洁工具的配合才能实现。

2．养护方法

（1）不锈钢的养护

1）用毛巾抹净不锈钢物品表面的灰尘、水珠。

2）若不锈钢物品表面沾有污渍，可用清洁剂涂抹毛巾表面擦抹干净，或用刀片轻微铲除干净。

3）置少许不锈钢养护剂于毛巾上，对不锈钢表面进行擦拭。面积较大的可用手动

喷雾枪或喷壶将不锈钢清洁养护剂喷于不锈钢表面，然后用毛巾擦至光亮。

4）清洁特殊污渍、锈迹时，先用金属除渍剂倒在微湿的毛巾上轻擦污渍，再用湿毛巾擦干净，然后用干布擦干，抹上不锈钢养护剂。

5）上不锈钢养护剂时不宜太多，防止污染他人衣物。

6）所用的毛巾要干净，防止砂粒划伤不锈钢表面。

7）不锈钢材质物品严禁使用酸性清洁剂进行清洁。

（2）铜器的养护

1）检查铜器表面是否带有较厚灰尘或大颗粒污垢，若有可先用湿毛巾擦拭，再用干毛巾去除污渍与水滴。

2）在无绒毛巾上倒少量铜保护剂擦拭铜器表面，将铜保护剂涂抹在铜器的表面。

3）用力擦拭，去除铜器表面的污垢，直到铜器表面全部清洁干净。

4）待铜保护剂干燥后，用干净的无绒毛巾抹干净铜器表面的残留铜保护剂，直到铜器表面光亮。

（3）木器的养护

1）若木器表面灰尘较多，可先用湿毛巾擦拭，清除木器表面的水渍和污垢。

2）把少量的木材保护剂喷在毛巾上，顺着木器表面的纹路进行擦拭，每次擦拭之间不要留空隙，直到木器干净、光滑。

（4）地面的养护

1）地面打蜡。通过打蜡使地面材料本身与空气隔绝，减少因氧化或接触空气中的有害物质对地面材料造成的损害，达到延长地面使用寿命和美观光洁的目的。更重要的是打蜡形成的镜亮表面持久耐用，能防止清洁剂、滑擦、鞋跟摩擦等伤害，同时经抛光后，蜡面更光、更硬、更耐用。

地面打蜡的操作程序为吸尘、清洗、上蜡和抛光。

2）石材晶面处理。石材晶面处理就是利用晶面处理清洁剂，在单盘加重机的重压及其与石材摩擦产生的高温双重作用下，通过物化反应，在石材表面进行结晶排列，形成一层清澈、致密、坚硬的保护层，起到增加石材保养硬度和光泽度的作用。

第三节　清洁服务现场清洁剂管理

为了合理、有效地使用清洁剂，充分发挥其效能，减少浪费，提高清洁养护工作的安全性，有必要对清洁剂进行严格的管理与控制。同时，清洁剂带有的不安全因素大致有腐蚀性（酸、碱）、挥发性、刺激性（溶剂）、易燃性、易爆性和不利于环境，因此在分装、使用和保管等环节要予以特别的注意。

一、清洁剂的分装与稀释

1. 清洁剂的分装

对于大包装的清洁剂，应做好分装工作，以减少不必要的浪费。分装的方式有手工分装和配料设备分装两种。

（1）手工分装。分装之后的清洁剂，要在明显位置处贴上标签，如图5—4所示，并确认标签是否正确。

图5—4 分装标签

（2）配料设备分装。如图5—5所示的自动稀释分配器为配料设备的一种。

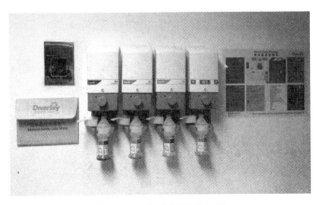

图5—5 自动稀释分配器

2. 清洁剂的稀释

一般清洁剂均为浓缩液，使用前必须严格按照使用说明进行稀释，配水比例要适中。浓度过高，既浪费清洁剂，又会对清洁对象产生一定程度的损伤。浓度过低，则达不到清洁的效果。清洁剂稀释的方法如下例所示。

【例 5—1】 浓度为 1:20 的混合溶液。将清洁剂和水按照 1:20 的浓度比例配制成混合溶液，注满体积为 30 升的容器中，其中清洁剂和水的用量各是多少？（保留小数点后 1 位）

解：

清洁剂的用量：$30 \times \dfrac{1}{20+1} \approx 1.4$（升）

水的用量：$30-1.4 \approx 28.6$（升）

【例 5—2】 浓度 20% 的混合溶液。将清洁剂和水按照 20% 的浓度比例配制成混合溶液，注满体积为 30 升的容器中，其中清洁剂和水的用量各是多少？（保留小数点后 1 位）

解：

清洁剂的用量：$30 \times 20\% = 6$（升）

水的用量：$30-6 = 24$（升）

二、清洁剂的安全使用要点

（1）合理选用清洁剂。根据清洁对象的用途、材质以及卫生要求，选用符合环保要求的清洁剂。

（2）正确使用清洁剂。在使用清洁剂时，应仔细阅读说明，并严格按照使用说明书或清洁剂标签上的说明正确使用。

（3）进行试用。首次使用清洁剂时，应在小范围不明显处进行试用，效果良好的才可以大范围推广使用。

（4）正确稀释清洁剂。严格按照说明书使用，按比例稀释。在稀释清洁剂时，要注意稀释清洁剂的步骤。应将清洁剂加入水中，不要将水加入清洁剂中。同时，尽可能使用配料设备。

（5）注意使用安全。高压灌装清洁剂、挥发清洁剂以及强酸、强酸清洁剂在使用过程中要注意安全问题。前者属易燃易爆物品，后者对人体肌肤容易造成伤害。要使用防护衣物（工作服、手套等）和防护设备（护目镜等），以避免溅入眼睛及损伤皮肤。

（6）严禁将清洁剂混合使用，否则可能会引起严重后果。

（7）切勿品尝或嗅清洁剂。

（8）切勿使用不明清洁剂。

（9）适量使用清洁剂。一次性使用过量的清洁剂，会对清洁对象产生不同程度的副作用，甚至是损伤。因此，不能养成平日不清洁，万不得已时再用大量清洁剂清洗的坏习惯，这样费时、费力，效果不好。

三、清洁剂的库房管理

（1）将各种清洁剂分类摆放在货架上，如图5—6所示。摆放的高度不要超过眼睛水平线以上，并在标签上标明使用方法及稀释比例。

图5—6 清洁剂的分类摆放

（2）将清洁剂存储在原始容器中。对于稀释产品，要使用带有正确标签的适当容器。

（3）取用清洁剂后要及时放回原处并将标签侧向外摆放。

（4）所有清洁剂要拧紧盖子并摆放整齐，保持清洁，避免受热受冻。

（5）定期检查仓库，使之时刻处于清洁、整齐状态。

（6）定期清查存货，以便及时补充。

（7）安全处理或回收空容器。

（8）保持库房通风干燥，若通风不好应配置排风设备。

（9）清洁剂的存取，要严格做好记录，并请领用者签字。

（10）管理人员应该保留一份每个产品的安全资料作为参考，发现问题要及时向上级报告。

单元练习题

一、单项选择题（每题所给的选项中只有一项符合要求，将所选项前的字母填在括号内）

1. 盐酸属于（　　）清洁剂。

A. 碱性　　　　　　B. 酸性　　　　　　C. 中性　　　　　　D. 助剂

2. 将清洁剂和水按照 1∶10 的浓度比例配制成混合溶液，注满体积为 10 升的容器中，其中加（　　）升清洁剂。（保留小数点后 1 位）

A. 0.9　　　　　　B. 0.09　　　　　　C. 1　　　　　　D. 0.1

二、判断题（判断下列各题的对错，并在正确题后面的括号内打"√"，错误题后面的括号内打"×"）

1. 清洁剂的主要成分由表面活性剂和助剂两部分构成。　　　　　　　（　　）

2. "为养护而清洁"指的是必须在清洁对象不受破坏的前提下进行清洁工作。（　　）

3. 在对清洁剂进行稀释时，可以根据以往的经验来大概估算清洁剂的配水比例。

（　　）

三、问答题

1. 简述清洁剂的清洁原理。

2. 影响清洁剂清洁作用的因素有哪些？

3. 清洁剂的安全使用要点有哪些？

单元练习题答案

一、单项选择题

1. B　2. A

二、判断题

1. √　2. √　3. ×

三、问答题（略）

第六单元　清洁服务设备及工具管理

第一节 清 洁 设 备

清洁设备发挥着高效清洁的作用，在降低清洁人力成本的同时也提高了工作效率和清洁度，是清洁服务不可或缺的。

一、清洁设备的分类

清洁设备分为工业清洁设备、商用清洁设备和民用清洁设备三大类。

1. 工业清洁设备

用于石化企业、汽车制造企业和机加工企业等工业行业领域，如工业吸尘器、工业大功率高压冲水机等。

2. 商用清洁设备

用于生活社区（住宅小区、别墅区）、楼宇（办公楼、写字楼、商场、酒店、学校、医院）、公共交通设施（机场、火车站、客运站）、各类场馆（博物馆、影剧院、体育场馆、图书馆）等领域，如吸尘器、单盘擦地机、吸水机、全自动洗地机、地毯抽洗机、高压蒸汽地毯清洗机、沙发清洗机、单盘加重机等。

3. 民用清洁设备

用于家庭（卧室、客厅、厨房、卫生间、楼梯以及储物间）等民用领域，如家用吸尘器、家用洗碗机、小型蒸汽清洗机、自动洗地机等。

二、常用清洁设备

1. 吸尘器

吸尘器用于地毯、地面、槽缝吸尘作用。楼宇清洁中吸尘器分为直立式、桶式和肩背式三类，如图6—1所示。

a）　　　　　　　　b）　　　　　　　　c）

图 6—1　吸尘器

a）直立式　b）桶式　c）肩背式

　　直立式吸尘器是利用滚刷吸尘，能有效去除地毯深处的细小沙粒。在吸尘之后，地毯簇毛直立起来，显著改善地毯的外观，其工作原理如图 6—2 所示。

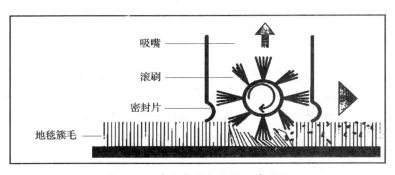

图 6—2　直立式吸尘器的工作原理

　　桶式吸尘器具有操作方便，容量大的特点。配上不同的部件，可以完成不同的清洁工作。比如配上地板刷可清洁地面，配上扁毛刷可清洁沙发面、床单、窗帘等，配上小型吸尘扒头可清除小角落的尘埃和一些家庭器具内的尘垢。

　　肩背式吸尘器适用于楼梯和登高吸尘，方便适用。其特点有操作轻松、多功能和低噪声。轻巧舒适的肩背式设计，使清洁工作更轻松容易，提高工作效率。肩背式吸尘器有各种类型的配件，如有配件套则可随身携带，方便使用。

　　使用桶式吸尘器的注意事项：

　　（1）在使用吸尘器的过程中，要注意将尘袋装好，避免灰尘进入到电机中。

　　（2）在清洁吸尘器或者是不使用吸尘器时，拔下电源插头，不要拉扯电源线。

（3）要经常检查吸尘器的吸尘扒头和排气口，防止其堵塞。

【例6—1】 桶式吸尘器的标准化操作方案。

1）使用前

①检查电线、插头、喉管有无破损。

②连接配件，清洁或维修机器前务必断开电源。

③机器在没有安装尘袋或尘罩时不得使用机器。

④尘袋、尘罩、尘网在潮湿时不可以安装在机器上。

⑤检查尘袋、尘隔和尘网是否正确安装，有无破损，是否干净。

⑥检查尘袋固定是否稳固，确保无漏尘现象，如图6—3所示。

2）使用中

①吸尘器不能吸水，不能在潮湿的地方工作，以免尘袋受潮影响过滤，从而导致机器过热。

②不能吸取碎片、尖锐物等，以免堵塞或刮破尘袋和软管。

③不能吸取易燃易爆等危险物。

④当尘袋满三分之二时必须排尘。

⑤不能对电线过度扭转、碾压或拉扯。

3）使用后

①用干净的抹布里外擦干净吸尘器、配件和电线，确保存放前的全面干净，如图6—4所示。

图6—3 检查尘袋

图6—4 擦干净吸尘器

②插头及电线必须定期检查是否破损，如需维修请联系电工。

③清除吸尘扒头入口、尘袋入尘口及软喉、硬管等处的堵塞物。

④使用另一部吸尘器对尘袋内外进行吸尘清理；采用对吸方法清洁尘罩、尘网。

2．单盘擦地机

单盘擦地机（见图6—5）是一种多功能机器，可以完成硬地面护理和地毯清洗等清洁服务。

使用单盘擦地机的注意事项：

（1）必须避免洗地刷接触电源线，以免电源线被卷入洗地刷内。

（2）开动擦地机时电源线应放在操作者身后。

（3）使用清洁剂时，注意不要弄湿电机。

（4）机器使用完毕，应拔掉电源线，松开洗地刷，把机身及配件清洁干净。

（5）用抹布把电源线擦干净，电源线绕回机身挂钩。

图6—5 单盘擦地机

3．吸尘吸水机

吸尘吸水机（见图6—6）设计紧凑，在狭小区域也可灵活地清洁，吸水刮可以灵活调节，而且采用了新颖的污水排放设计。

使用吸尘吸水机的注意事项：

（1）使用前检查机内是否倒水、清尘。

（2）吸尘使用前先捡起较大的垃圾、纸团，以免堵塞软管，影响吸力。

（3）吸水使用前安装好吸水扒头，拆除吸尘袋及吸尘扒头。当吸水桶装满水时，吸水机发出不正常的响声，就要停机把吸水桶内的污水倒出，才能使用。

图6—6 吸尘吸水机

（4）如机内不小心吸入酸性清洁剂时，用后立即清洁干净以免生锈。

（5）使用完毕拔掉电源插头，将电源线绕好放在机头壳上。

（6）使用后清洁软管、吸水扒头、污水桶，吸水机内过滤器要拆开进行清洁。

（7）使用后倒掉污水冲洗干净，并用抹布抹干净电源线及机器外壳，绕好电源线。

4．洗地机

洗地机用于清洗室内大理石地面、瓷砖地面、地毯以及室外水泥地面。

洗地机的类型有很多，洗地机按电源供应方式可分为电线式洗地机和电池式洗地机，按驱动方式可分为半自动洗地机和全自动洗地机，按操作形式可分为手推式洗地机和驾驶式洗地机。

如图 6—7 所示的手推式洗地机采用了滚轮驱动，省力、高效，位于后部的滚轮更易操控。清洗人员跟随在机器后面，负责控制机器转向及驱动，人性化操作手柄更方便操作。

如图 6—8 所示的驾驶式洗地机上有驾驶位置和易操控的车轮操纵系统，清洗人员坐在机身的驾驶座上或站立在机身后面的驾驶台上操控及驱动洗地机，适用于长时间工作，操作时不会留下脚印，清洗效率高。

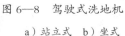

图 6—7　手推式洗地机　　　　　图 6—8　驾驶式洗地机

a）站立式　b）坐式

【例 6—2】　全自动洗地机的标准化操作方案。

①将与电池充电器连接的电源插头从插座上拔出，卷好电源线，放在机器的支架上	②将干净的水装入溶液箱中	③将清洁剂注入分配杯中，再将分配杯放入溶液箱中洗干净

续表

④安装吸水刮，确保安装在吸水刮支架的顶部	⑤将洗地刷小心地装在抬起的刷盘下方	⑥根据不同的型号，用按钮或踏板调低洗地刷
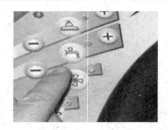		
⑦打开水量开关，调节水量大小	⑧打开吸水电机开关	⑨用吸水刮操作手柄放低吸水刮

⑩清洗地面	⑪清空污水箱，用干净的水冲洗，再清空溶液箱	⑫拿出悬浮器，用抹布擦洗过滤器，再清洗黄色过滤网

⑬清洗溶液过滤器（两个）	⑭根据不同型号的机器，用踏板或手工旋转方法取出洗地刷，清洗晾干	⑮卸下吸水刮，清洗晾干

100

续表

		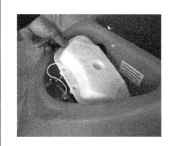
⑯用湿抹布擦拭机器	⑰将电池充电器的插头插入插座	⑱将溶液分配杯翻转放置
 ⑲安置机器时将盖子稍微打开 （盖子置于分配杯上方），以便通风		

使用全自动洗地机的注意事项：

（1）防止地面上锋利的东西割坏或碰撞吸水胶条。大的垃圾应先清洁后方能使用机器。

（2）应使用机器专用清洁剂以免损坏机器。

（3）使用干净的桶加水，防止溶液管及泵被堵塞。

（4）溶液箱定量加水，每次滴入一定量的消泡剂，保证污水箱的浮球不能吸附上泡沫，以防烧坏电机。

（5）每次充电前检查电池槽的水位，电池极板不能外露水面，电瓶液须覆盖电池极板。如水少需添加蒸馏水，切勿过量。电瓶充电结束，需冷却后方可使用。

（6）清洁剂内有易燃液体或气体时不要开动机器，充电时电池会排放氢气，应远离电火花或明火。须在通风良好的地方充电并打开机罩。电池表降到红区时需充电，充足后方可使用。切勿在电池表红区时开动机器或充电时开动机器，否则可能导致电池、充电器的损坏。

5．吹风机

吹风机（见图6—9）又叫吹干机，它是利用电机转动，加速空气流动，使清洁对象尽快吹干。主要用于地毯清洗后的快速吹干或地面清洗后的快速吹干。

吹干机有带加热装置的，有不带加热装置带的，其前脚座可调节不同的吹风角度。

使用吹风机的方法：

（1）插上电源，打开开关。

（2）调节机体，对准清洁对象。

（3）使用完毕，关闭电源，把电线绕好挂在机身上。

图6—9 吹风机

6．高压清洗机

高压清洗机（见图6—10）适用于清洗其他设备无法完成的工作以及清洗顽固污垢。

图6—10 高压清洗机

使用高压清洗机的注意事项：

（1）检查机器的汽油及汽油量，皮带加紧度，液压油高度及入水管、出水管、水枪等是否正常，并用水枪试喷，如不正常，处理后再使用。

（2）使用前先把水管中的空气排干净，打开水枪以45°角对地面喷洗。

（3）清洗完后拔掉电源，再次检查机器燃料及进水泵、高压出水管有无破损。

（4）经常检查润滑机油刻度表，防止因机油不足损害水泵。

7．单盘加重机

单盘加重机（见图6—11）特别适合于重型操作，如起蜡、洗地，以及石材和木质地板的处理等。

（1）单盘加重机的特点

1）每分钟150转的转速避免了液体的飞溅，同时带来均衡的清洁效果。

2）合适的电机高度可使机器进入较低的障碍物下方。

3）10～20千克加重块可满足更强劲的应用要求。

（2）使用单盘加重机的注意事项

1）水箱内不可倒入酸性清洁剂，应按正确操作程序工作，严禁野蛮操作。

2）使用过程中应小心谨慎，以免碰坏家具和墙壁等。

3）使用完毕，必须对机器进行彻底清洁。

图6—11　单盘加重机

8．高速抛光机

高速抛光机（见图6—12）主要用于石材地面或木质地板打蜡后的抛光和研磨。
使用高速抛光机的注意事项：

（1）检查插头、插座、电源线、机械设备有无漏电、松动、磨损现象。

（2）握住手柄用力按动机体，使机体头部向上倾斜，然后在机器底部装上百洁垫。

（3）将机体放平，使转盘连同百洁垫紧贴地面。

（4）插上电源按下调节开关，将把手柄整到便于操作的程度。

（5）抓稳操纵杆，启动电源开关，开始进行地面抛光。

（6）抛光时，要随着机械设备运转方向运转，不能强制性逆行运转与拖动。

（7）抛光时，推进速度不能太快，应保持在50米/分钟左右的速度。来回抛光3～5次。

（8）抛光时行与行之间要重叠三分之一，以免漏抛光。

（9）使用完毕，关闭电源开关，盘好电线，卸下并清洁百洁垫。

图6—12　高速抛光机

103

9．高泡地毯清洗机

高泡地毯清洗机（见图6—13）是一种用泡沫清洗地毯的设备，用水量较少，地毯干燥时间较短。

图6—13 高泡地毯清洗机

使用高泡地毯清洗机的注意事项：

（1）必须避免盘刷接触电源线，以免电源线被卷入盘刷内。

（2）开动高泡地毯清洗机时电源线应放在操作者身后。

（3）使用清洁剂时，不要弄湿电机。

（4）机器使用完毕，拔掉电源线，松开盘刷，把机身及配件清洁干净。

（5）用抹布把电源线擦干净，电源线绕回机身挂钩。

10．地毯抽洗机

地毯抽洗机（见图6—14）的滚刷可以调节高度，易于操纵，可选清洁工具灵活运用于不方便或角落处的区域。

使用地毯抽洗机的注意事项：

（1）使用前，在污水箱加入消泡剂、清洁剂，溶液配比温度不宜太高。

（2）使用前，捡起地毯上的纸团及较大的垃圾、铁钉，并进行吸尘，吸尘后才能用地毯抽洗机清洗，如在清洗时，没有捡起铁钉等杂物，就可能会损坏滚刷。

图6—14 地毯抽洗机

（3）使用后用清水清理污水桶，清理后冲洗干净污水箱和扒头。

（4）用抹布抹干净机器外壳。

11. 高压蒸汽地毯清洗机

高压蒸汽地毯清洗机（见图6—15）的工作原理是通过清洗头的旋转，将含有清洁剂的水溶液加热形成蒸汽喷在地毯上，通过真空吸力将污渍从地毯上清除，从而达到清洗的目的。

图6—15 高压蒸汽地毯清洗机

使用高压蒸汽地毯清洗机的注意事项：

（1）接通电源后，必须有人看管设备，设备不使用时必须断电。

（2）出现泡沫时必须用消泡剂，以防止烧坏电机。

（3）不要将设备暴露在雨雪中，必须在室内使用和存放。

（4）清洗和保养设备时必须断电，拔掉插头之前要关停所有装置。

（5）不能使用溶剂类清洁剂。

（6）水泵不能干转，不能在干燥地毯表面上使用。

（7）不能堵塞通风口。

（8）不能用装置收集易燃易爆或有危险性的物品。

（9）水箱中加水温度不能超过54℃。

（10）前后移动机器时禁止倾斜或左右移动机器。

（11）禁止在硬质表面或有开线、松动、缠结的布艺表面上使用机器。

（12）禁止在有可能掀起的地毯边缘使用机器。

三、清洁设备的使用和保养

1. 使用和保养的关键因素

（1）系统应用。清洁服务公司要具备所使用的设备与工具的系统管理软件，总部与各个项目点之间在设备名称、数量、性能方面保持一致性。

（2）零件保障。清洁服务公司与设备供应商之间在零件供应保障上要具有合同的约束保障，使得清洁设备、工具等固定资产在使用年限之内有充足的零件保障，以满足清洁服务现场处于良好的工作状态。

（3）人员能力。清洁服务公司的清洁设备使用人员必须经过正规培训，且考试合格后方能操作设备。

（4）技术支持。设备供应商必须提供完整的清洁设备的使用说明文件，在现场进行实操培训以及相应的售后服务等技术支持。

2. 使用和保养流程

使用和保养流程如图6—16所示。

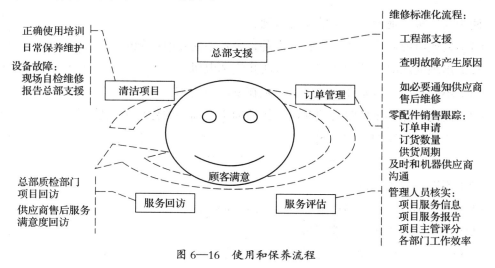

图6—16　使用和保养流程

3. 清洁设备使用安全要点

（1）禁止非清洗人员使用，清洗人员必须经过培训，专人操作，且必须严格按使

106

用说明的要求使用机械。

（2）操作人员使用机械前不能饮酒或服食麻醉药物，工作前要放置好提示牌。

（3）勿用破损的电线和插头，勿让电线受压、受热、拉扯、油污或被尖锐物所损。

（4）必须使用有接地装置的电源，确保加长电线的连接器防潮、防水，手湿勿摸电器，确保使用的电源电压与机械要求一致。

（5）不用机器或保养、维修机器时要拔出插头切断电源。

（6）操作机器时要注意周边人群，在楼梯边工作或上下楼梯时要特别小心，不得将机器停放在斜坡上。

（7）使用单盘擦地机时，电线要保持在操作者身后，勿让电线卷入刷盘，不用时操纵杆要保持在竖直的安全位置。

（8）吸尘器不得用来吸水，以免造成漏电及电机烧毁。吸尘吸水机不得吸易燃易爆液体。

（9）使用高压清洗机时，喷枪勿对人、电线插座及薄弱物件喷射，注意不要损坏高压管和电源线。

（10）维护机器时，不得用水直接冲洗机器。

第二节　常用清洁工具

在清洁服务中，除了使用清洁设备，还必须辅之以相应的清洁工具。清洁工具一般指用于手工操作、不需要电机驱动的清洁用具。清洁工具的种类繁多，结构、性能和用途等也各不相同，本节主要介绍一些常用的清洁工具，如图6—17所示。

图6—17　清洁工具

一、清洁通用工具

通用工具指常用的、在任何环境下做清洁服务都需要使用的工具。

1. 擦拭类工具

（1）抹布。抹布是最常用的清洁工具，通常用于擦除小面积灰尘及污垢。

在清洁服务工作中，通常需要湿抹布和干抹布两种抹布。湿抹布的主要作用是擦去建筑物装饰材料表面的灰尘、水渍，湿抹布在使用时要求达到的润湿程度是既微湿润透，又拧不出水。干抹布的主要作用是抹去湿抹布擦拭后建筑物装饰材料表面遗留下的湿污垢、水渍，达到清洁的目的。干抹布在使用时要求干燥，一旦潮湿至有湿润感，应立即更换。

（2）微尘无纺布（见图6—18）。微尘无纺布质地非常柔软，不损伤清洁对象的表面，耐有机溶剂，擦拭效果好，可以对陶瓷餐具、家具等起到很好的保护作用。

（3）镜布（见图6—19）。镜布用于擦拭不锈钢镜面上的手印、灰尘或会议桌面的清洁，其特点是无碎毛、较光滑。

（4）百洁布（见图6—20）。百洁布是一种塑料纤维清洁工具，主要用于擦洗硬质光滑表面油腻性污渍。百洁布表面粗糙，密集的孔隙可储存清洁剂，通过有一定韧性的纤维丝来摩擦建筑物装饰材料表面的污垢。

图6—18　微尘无纺布

图6—19　镜布

图6—20　百洁布

百洁布清洁的主要对象是卫生陶瓷、玻璃和其他建筑物装饰材料的硬表面。应该注意的是百洁布纤维的硬度一定要比被清洁的建筑物装饰材料表面的硬度低，否则会损坏建筑物装饰材料表面。

百洁布使用完毕，应漂洗干净，不拧干，自然滴水晾干为好，这种方法可保持百洁布纤维的弹性和布密集的空隙。

（5）钢丝棉（见图6—21）。钢丝棉是一种抛光材料，主要用于石材制品、金属制品和木制品等的研磨抛光。使用后应及时清洗，晾干待用。

（6）板刷（见图6—22）。板刷的用途很广，板刷的刷毛有一定的硬度和韧性，可清除建筑物装饰材料硬表面和软表面的污垢。

使用板刷时用力要适当，不得损坏建筑物装饰材料表面。使用后应及时清洗，晾干待用。

图6—21　钢丝棉

图6—22　板刷

2．清扫类工具

（1）扫把（见图6—23）。扫把是最常用的清洁工具，用于清扫地面的垃圾或杂物，是清洁服务工作最基本的工具之一。

在清扫地面时，扫把不要离地，要轻压着地面扫，否则会使灰尘飞扬。

（2）簸箕。簸箕是一种盛垃圾的工具，与扫把配合使用。簸箕的类型有很多，其中防风簸箕（见图6—24）配置了专用的手拉杆和活动盖板，把垃圾扫入簸箕后，向上提起手拉杆，簸箕前面的活动盖板就会牢牢的盖住簸箕。防风簸箕的使用，减轻了清扫作业的劳动强度，提高了工作效率，避免了二次污染。

（3）尘推（见图6—25）。尘推适用于石材、木质地板等干

图6—23　扫把

燥光滑地面的除尘。尘推操作简单、省力，附着能力强，可将地面的沙砾、尘土等带走，以减少磨损，并保持地面光亮。

图 6—24 防风簸箕

图 6—25 尘推

在清扫时地面时，尘推应全部着地，否则会将灰尘、垃圾遗漏。作业完毕，尘推应垂直立于空水桶内拿走。不得在地面上拖行，以免二次污染地面。

（4）拖把（见图 6—26）。拖把有干拖把与湿拖把之分。湿拖把用以在扫把清扫之后的地面清洁，再一次除去浮动的灰尘和污渍。而干拖把则是将湿拖把留下的水渍拖干，以利于下一清洁程序的进行。

湿拖把清扫前应拧干，不滴水。干拖把使用前应不沾带灰尘、脏物。

（5）榨水车（见图 6—27）。将拖把在蜡液或水中浸湿，然后使用榨水车将其挤压到不滴水为止，再拖洗地面或地板涂蜡。

图 6—26 拖把

图 6—27 榨水车

在使用之前，应检查榨水车的轮子有无损坏现象。在每次使用完之后，必须在指定的位置将其清洗干净。

（6）推水器（见图6—28）。推水器适用于清除硬质地面的积水。使用时双手握住推水器的长杆，轻微用力，使得海绵刮条紧紧地压住地面，然后向后拉动或向前推动推水器即可清除积水。

图6—28　推水器

二、清洁玻璃及硬表面工具

1. 刮擦类工具

（1）涂水器（见图6—29）。涂水器是将清洁剂抹到建筑物装饰材料硬表面和玻璃上的专用工具。

使用时先将涂水器在清洁剂稀释液中完全浸透，然后用手轻挤涂水器的毛套，再用涂水器自上而下将清洁对象抹湿。

涂水器抹水时不能一次抹太大的面积，以免水分干掉。

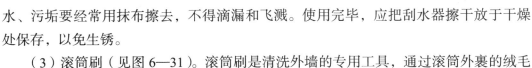

图6—29　涂水器

111

（2）刮水器（见图6—30）。刮水器又称为玻璃刮，是清洁玻璃和建筑物装饰材料硬表面的工具。刮水器在使用前应检查胶条是否完好，使用玻璃刮时应按从上到下、从左到右的顺序进行。刮水器刮下的脏水、污垢要经常用抹布擦去，不得滴漏和飞溅。使用完毕，应把刮水器擦干放于干燥处保存，以免生锈。

（3）滚筒刷（见图6—31）。滚筒刷是清洗外墙的专用工具，通过滚筒外裹的绒毛或海绵吸收水分、清洁剂或涂料后，再通过滚筒的滚动、挤压，将水分、清洁剂或涂料挤出，起到润湿、擦拭、涂抹的作用。

图6—30　刮水器

图6—31　滚筒刷

在推动滚筒滚动时，不能用力过重，使滚筒外裹的绒毛或海绵失去弹性，而影响水分等的吸收或造成滚动不灵活。

2. 辅助类工具

（1）伸缩杆（见图6—32）。伸缩杆可以伸缩，伸长或缩短后用螺旋锁紧器锁紧。

把涂水器或刮水器等安装在伸缩杆头上，将伸缩杆调到合适的长度就可以清洁高位玻璃、高位石材及天花板处的灰尘。

使用伸缩杆时，伸长或收缩接杆时要缓慢，尤其是伸长至极点时，不要猛烈拉动上下管，以免损坏螺旋锁紧器。伸缩杆使用完毕，要擦拭干净，并收缩复原并及时存放好。

（2）老虎夹（见图6—33）。老虎夹是一款专用的清洁工具，可以与伸缩杆搭配进行使用。用于较高墙面、窗户、天花板、灯饰等区域的清洁。

图6—32 伸缩杆

图6—33 老虎夹

（3）百洁垫（见图6—34）。百洁垫自外到内均匀分布了研磨粒子和高帖服性的纤维骨架。根据功能不同主要可分为起蜡专用垫、清洁专用垫和抛光晶面垫。可以快速去除旧蜡及污渍，高效强力清洗地面，更加充分地完成打蜡抛光的清洁作业。

配合单盘擦地机使用的百洁垫直径尺寸约为17英寸（43.18厘米），有黑、白、红三种颜色。黑色百洁垫用于清洗外围地面清洁和起蜡工作，白色百洁垫用于地面抛光，红色百洁垫则用于大理石花岗岩地面的清洗和磨光。

配合高速抛光机使用的百洁垫直径尺寸约为20英寸（50.8厘米），常用的是白色百洁垫。

（4）金刚石清洁垫（见图6—35）。金刚石清洁垫用于石材的精研处理，以非常简便的操作获得高亮度的石材地面。

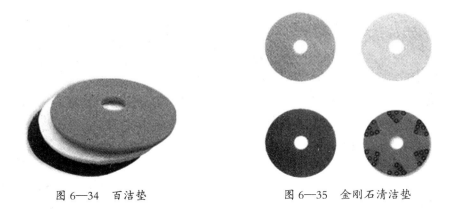

图 6—34　百洁垫　　　　　　　图 6—35　金刚石清洁垫

三、清洁地毯工具

1. 地毯梳

地毯梳（见图 6—36）能够梳起地毯纤毛，这对地毯外观非常重要，尤其是纤维较长的棉绒地毯。另外，地毯梳还有加快地毯干燥的作用。

113

2. 去渍刷

去渍刷（见图 6—37）用于与地毯去渍剂配合去除地毯上的污渍。

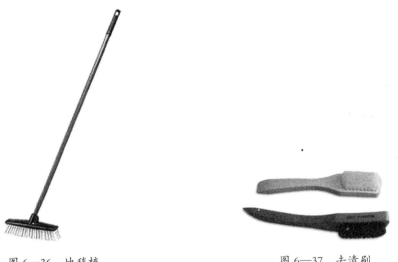

图 6—36　地毯梳　　　　　　　图 6—37　去渍刷

四、登高工具

对于建筑物内部的高处清洁作业来说，如内墙、大堂顶面、天花板、大型吊灯等，需要借助于专用的登高工具或设备来完成，常用的有木高凳、梯子、脚手架和升降台等。

1. 木高凳

木高凳（见图6—38）适于在室内登高作业使用。

2. 梯子

图6—38 木高凳

梯子用于清洗人员通过攀爬方式完成较高位置的清洁作业，常用的梯子有直梯和人字梯，如图6—39所示。

a）

b）

图6—39 梯子

a）直梯 b）人字梯

3. 快装脚手架

快装脚手架是在清洁现场为清洗人员完成清洁作业而搭建的各种支架，主要用于建筑物内部结构或15米以下外墙面的清洁作业，如图6—40所示。

4. 升降台

升降台是用来将清洗人员和工具运送到指定高度进行作业的登高设备。一般用于大堂内墙面、顶面或凹凸不平结构的安装、维修、清洗等作业，如图6—41所示。

114

图 6—40 快装脚手架

图 6—41 升降台

五、其他清洁工具

1. 铲刀

铲刀（见图 6—42）用于刮除建筑物装饰材料硬表面上的顽固污垢，如口香糖、涂料点、水泥点和顽固胶迹等，方便耐用，省时省力。

在清洁中，铲刀与被清洁的硬表面的夹角应小于 30°，刀片用坏可及时换新但要注意安全。使用时不要用力过大，以免刮伤清洁对象。

图 6—42 铲刀

2．喷壶

喷壶（见图6—43）用于分装各种清洁剂，对局部污垢进行直接喷洒。喷壶一般由塑料制成，不会和清洁剂产生化学反应，且喷出的清洁剂均匀，方便清洁。

需要注意的是，装有清洁剂的喷壶必须贴有明显的标签。

图6—43　喷壶

3．工具提篮

工具提篮（见图6—44）用于放置清洁和保养时使用的清洁剂及相关清洁工具。

图6—44　工具提篮

4．清洁桶

在清洁时，清洁桶（见图6—45）用于装清洁工具或盛放水、清洁剂。清洁桶通常选用塑料桶，使用时严禁摔打、重放，应随时保持桶内干净、无污垢。桶外壁及底部应干净、无污垢，不得污染地面。桶壁不能有破漏。

5．清洁车

清洁车（见图6—46）是清洁作业时常用的装运工具，主要用于清洁剂及相关清洁工具的运送、垃圾清运等。清洁车可以提高工作效率，体现清洁服务的专业化。

图6—45　清洁桶　　　　　　　　　图6—46　清洁车

116

6．提示牌

在清洁服务的过程中，可能会影响其他人的正常工作或生活，有时还会发生意想不到的伤害。因此，必须按规定要求摆放或悬挂提示牌，对可能受到影响的人们予以告示，提醒注意危险，防止事故发生。

提示牌的类型有 A 字型、悬挂型和阻拦型三种，常用的 A 字型提示牌如图 6—47 所示。

图 6—47 警示标志

第三节 清洁设备及工具管理

一、清洁设备的管理

1．清洁设备管理的重要意义

（1）清洁设备管理（简称设备管理）是企业清洁服务管理的基础工作。只有加

117

强设备管理，正确地操作使用，精心地维护保养，实时地进行设备的状态监测，科学地修理、改造，使设备处于良好的技术状态，才能保证清洁服务连续、稳定地运行。

（2）设备管理是企业清洁服务质量的保证。清洁服务的质量是通过清洁设备来呈现的，如果设备特别是关键设备的技术状态不良，严重失修，必然会造成清洁服务质量的下降。

（3）设备管理是提高企业经济效益的重要途径。加强设备管理是挖掘企业潜力、提高经济效益的重要途径。

（4）设备管理是企业搞好安全生产和环境保护的前提。设备技术落后和管理不善是导致发生设备事故和人身伤害，排放有毒有害的气体、液体、粉尘而污染环境的重要原因。消除事故、净化环境是人类生存、社会发展的长远利益所在。

（5）设备管理是企业长远发展的重要条件。加强设备管理，推动装备的技术进步，以实现企业的长远发展目标。

2．设备管理的特点

（1）技术性。作为企业的主要生产手段，设备是物化了的科学技术，是现代科技的物质载体。

（2）综合性。设备管理的综合性表现在以下几个方面：

1）现代设备包含了多种专门技术知识，是多门科学技术的综合应用。

2）设备管理的内容是工程技术、经济财务、组织管理三者的综合。

3）为了获得设备的最佳经济效益，必须实行全过程管理，这是对设备生命周期各阶段的综合管理。

4）设备管理涉及物资准备、设计制造、计划调度、劳动组织、质量控制、经济核算等许多方面的业务，汇集了企业多项专业管理的内容。

（3）随机性。许多设备故障具有随机性，设备的维修及管理也同样受其影响。

（4）全员性。现代企业管理强调应用行为科学调动企业全体职工参加管理的积极性，实行以人为中心的管理。

3．清洁设备的日常管理

（1）建立清洁设备日常管理卡片，见表6—1。

（2）每月对库存设备进行一次盘点，并于当月底之前将新到的设备逐一填制库存设备报表，上报公司设备管理部门。

表 6—1   清洁设备日常管理卡片

设备名称		规格型号		生产厂家	
产品编号		生产日期		购置日期	
日期	记事		设备状态	保管人	备注

（3）清洁设备在存储过程中，必须按设备存储要求，采取防雨雪、防暴晒、防潮等措施，不得发生设备损坏、遗失、生锈等影响设备性能的现象。

（4）库房内的清洁设备需按不同类别、性能、特点和用途分类分区摆放，要码放整齐，标识明确，以便存取方便。

（5）库房应经常打扫，保持整洁。

（6）清洁工具每次使用完毕，必须清洗干净放回原处。

4．清洁设备的库房管理

库房管理的主要任务是将用于清洁服务的清洁设备进行入库前的验收和入库后的储存、保管、保养和发放。做好库房的管理，有利于提高清洁服务项目的质量和安全。

清洗设备的库房必须设专人管理。

（1）新到清洗设备必须由库房管理人员进行及时和准确地验收，核对型号、规格数量及质量，如实登记台账。

（2）回收、大修、闲置设备必须及时入库，设备入库前必须由维修人员进行配套、擦净、涂油、刷漆等工作，并登记维修入库台账记录，严禁乱拆、乱卸、乱拿和无人管理。

（3）清洁设备在存储过程中，必须按设备存储要求，采取防雨雪、防暴晒、防潮等措施，不得发生设备损坏、遗失、生锈等影响设备性能的现象。

（4）库房内的清洁设备需按不同类别、性能、特点和用途分类分区摆放，要码放整齐，标识明确，以便存取方便，如图6—48所示。

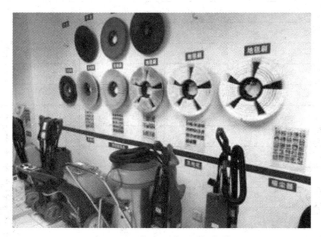

图6—48　清洗设备的库房管理

（5）每月对库存设备进行一次盘点，并于当月底之前将新到的设备逐一填制库存设备报表，上报公司设备管理部门。

（6）清洗设备的出库必须有严格的手续，由需求部门填制设备领用申请单，申领单须注明设备名称、型号、规格、数量、附件使用地点和部门等，并经审核签字方可领用。

（7）库房应经常打扫，保持整洁。

二、清洁工具的管理

1．清洁工具的日常管理

（1）清洗人员领用清洁工具时，要认真检查其状况，并按正确规程进行操作。

（2）清洗人员负责保管各自领用的清洁工具，如需共同轮流使用的清洁工具，必须认真做好交接工作，分清各自的责任和义务。

（3）清洁工具因正常磨损及损耗后不能再使用的，可向领班提出申请，经批准后补发，在领用新工具时必须交回旧的工具。

（4）不同区域使用的清洁工具使用完毕，必须及时清洗、消毒，并摆放整齐，不得混放。

2．清洁工具的库房管理

（1）根据清洁工具的性能和特点按规定区域存放，并采取相应的措施，做好防压、防潮、防锈、防污染等工作。

（2）清洁工具要堆放整齐，标识醒目。

（3）库房内必须保证保持清洁、道路畅通、通风通光、洁净整齐。

单元练习题

问答题

1. 清洁设备安全使用的要点有哪些？

2. 清洁设备管理的特点有哪些？

3. 怎样进行清洁工具的日常管理？

单元练习题答案

问答题（略）

第七单元　清洁服务安全生产管理

第一节　安全生产管理基础

安全不仅包括他人的人身、财产安全，而且包括清洗人员的安全、清洁设备和工具的安全。

一、安全生产

安全生产是指在清洁服务的过程中，为预防发生人身、设备等各类事故，保护清洗人员的安全而采取的各种措施，以减少人员伤亡及财产损失。

1．安全的重要意义

安全生产关系到人民群众的生命财产安全，关系到改革发展和社会稳定大局。搞好安全生产工作，切实保障人民群众的生命财产安全，体现了最广大人民群众的根本利益，反映了先进生产力的发展要求和先进文化的前进方向。抓好安全生产工作是全面建设小康社会、统筹经济社会全面发展的重要内容，是实施可持续发展战略的组成部分。

安全生产也关系到企业生存与发展，如果安全生产搞不好，发生伤亡事故和职业病，劳动者的安全健康受到危害，生产就会遭受巨大损失。

2．安全生产法解读

2002 年 6 月 29 日，第九届全国人大常委会第二十八次会议通过了《中华人民共和国安全生产法》（以下简称《安全生产法》），并于 2002 年 11 月 1 日施行，这是我国安全生产法制建设史上重要的里程碑。

（1）立法宗旨。《安全生产法》的第一条开宗明义地确立，立法宗旨是为了加强安全生产监督管理，防止和减少生产安全事故，保障人民群众生命和财产安全，促进经济发展。

（2）保障安全生产的运行机制。保障安全生产的运行机制包括以下五个方面的内容：

1）政府监管与指导（通过立法、执法、监管等手段）。

2）企业实施与保障（落实预防、应急和事后处理等措施）。

3）员工权益与自律（八项权益和三项义务）。

4）社会监督与参与（公民、工会、舆论和社区监督）。

5）中介支持与服务（通过技术支持和咨询服务等方式）。

（3）安全生产对策保障体系。《安全生产法》指明了实现我国安全生产的三大对策体系：

1）事前预防对策体系。要求生产经营单位建立安全生产责任制，保证建立健全安全管理机构及配备安全专业人员，落实安全投入，进行安全培训，实行危险源管理，进行项目安全评价，推行安全设备管理，落实现场安全管理，严格交叉作业管理，实施高危作业安全管理，保证承包租赁安全管理，落实工伤保险。同时，加强政府监管，发动社会监督，推行中介技术支持。

2）事中应急体系。要求政府建立行政区域内的重大安全事故体系，制定社区事故应急预案；要求生产经营单位进行危险源的预控，制定事故应急预案。

3）建立事后处理对策系统。包括推行严密的事故处理及严格的事故报告制度，实施事故后的行政责任追究制度，强化事故经济处罚，明确事故刑事责任追究。

125

二、安全生产管理

清洁服务行业的安全生产管理是指清洁服务企业为实现安全生产所进行的计划、组织、协调、控制、监督和激励等管理活动。简言之，就是为实现清洁服务的安全生产而进行的各项工作。

在清洁服务过程中，必须坚持以人为本、安全第一、预防为主、综合管理的安全生产方针，建立安全生产管理制度，落实安全生产责任制与岗位职责以及建立规范的安全操作规程。

1. 安全生产责任制

安全生产是保障企业正常运转的核心工作，因此必须建立安全生产管理制度与责任制。

安全生产责任制是经长期的安全生产、劳动保护管理实践证明的成功制度与措施。

公司实行安全生产责任制，明确公司领导和各级各类人员对安全工作应负的岗位责任，进行全员、全过程、全方位的安全管理。

公司经理对公司安全工作负全面领导责任，分管领导对公司安全工作负直接领导责任，安全质监部在分管领导的领导下管理好分管范围内的安全工作，项目经理是本工程项目安全生产的第一责任人，对本项目的安全生产负全面责任。

2．安全生产管理的岗位职责

安全生产是保障企业正常运转的核心工作，因此必须建立健全安全生产责任制。

（1）项目经理的安全生产职责

1）贯彻执行公司和项目管理部对安全生产的规定和要求，全面负责本项目的安全生产。

2）组织员工学习并贯彻执行公司、项目管理部的各项安全生产规章制度和安全技术操作规程，教育员工遵纪守法，制止违章行为。

3）组织并参加项目安全活动，坚持班前讲安全、班中检查安全、班后总结安全。

4）负责对新工人（包括实习、临时人员）进行岗位安全教育。

5）负责项目安全检查，发现不安全因素及时组织力量消除，并报告上级；发生事故立即报告，并组织抢救，保护好现场，做好详细记录。

6）搞好生产设备、安全装备、消防设施、防护器材和急救器具的检查维护工作，使其保持完好状态。督促教育员工合理使用劳动保护用品、用具，正确使用灭火器材。

7）组织事故抢险，分析事故原因，制定和落实纠正措施和预防措施。

（2）安全员的安全生产职责

1）服从上级对安全工作的要求，掌握安全生产规章制度和各种安全技术规范，对施工现场的安全生产负责。

2）负责对施工现场区域内一切安全防护设施、安全标志及警告牌的设置进行检查、管理，对《劳动安全监察通知书》及隐患通知单组织落实改进。

3）落实"三工"（工前有交代、工中有检查、工后有总结）制度，杜绝"三违"（违章指挥、违章操作、违反劳动纪律）。

4）积极开展各项安全活动，认真搞好每周一次安全检查，发现问题及时处理和上报。

5）发生工伤事故要详细记录及时上报，并组织人员认真分析，提出防范措施，重大伤亡事故要做好保护抢救工作并及时上报。

（3）领班的安全生产职责

1）贯彻执行项目管理部和项目对安全生产的指令和要求，全面负责本班组的安全生产。

2）学习并贯彻执行公司、项目管理部的各项安全生产规章制度和安全技术操作规程，教育员工遵章守纪，制止违章行为。

3）组织并参加班组安全活动，坚持班前讲安全、班中检查安全、班后总结安全。

4）负责对新工人（包括临时人员）进行安全操作规程教育。

5）负责班组安全检查，发现不安全因素及时组织力量消除，并报告上级。发生事故立即报告，组织抢救，保护好现场，做好详细记录，参加事故调查、分析，落实防范措施。

6）负责生产设备、安全装备、消防设施、防护器材和急救器具的检查维护工作，使其经常保持完好和正常运行。督促教育员工合理使用劳动防护用品、用具，正确使用灭火器材。

7）组织班组安全生产竞赛，表彰先进，总结经验。

8）负责班组建设，提高班组管理水平。保持生产作业现场整齐、清洁，实现文明生产。

（4）清洗人员的安全生产职责

1）认真学习和严格遵守各项规章制度，不违反劳动纪律，不违章作业，对本岗位的安全生产负直接责任。

2）精心作业，做好各项记录。

3）正确分析、判断和处理各种事故隐患，把事故消灭在萌芽状态，如发生事故，要正确处理，及时、如实地向上级报告，并保护现场，做好详细记录。

4）按时认真进行巡回检查，发现异常情况及时处理和报告。

5）正确作业，精心维护设备，保持作业环境整洁，搞好文明生产。

6）上岗必须按规定着装，妥善保管和正确使用各种防护器具和灭火器材。

7）积极参加各种安全活动。

8）有权拒绝违章作业的指令，对他人违章作业要加以劝阻和制止。

第二节 现场安全操作规程

在清洁服务的过程中，要牢固树立"安全第一"的思想，严格执行各项安全操作规程，以保证清洁服务的安全。

一、清洗人员的安全操作规程

清洗人员在清洁服务过程中既要做好他人的安全防护，也要做好自身的安全防护。

1. 日常清洁作业

（1）他人安全防护

1）在清洁过程中地面出现水渍时，在清洁地面、清洁卫生间等作业区域应摆放"小心地滑"提示牌，如图7—1所示，以便提醒他人注意安全。

2）清洁电梯、电动扶梯时，应停止运行，并做好安全防护工作，如放置提示牌或围挡，以确保安全。

3）当遇到雨雪天气时，在出现湿滑的地段（大堂入口处、商场营业厅入口处、楼梯等）应加铺临时性的防护脚垫，并摆放"小心地滑"提示牌，以避免滑倒或摔伤。

图7—1　"小心地滑"提示牌

4）在地下车库出入口处，遇到雨雪天气时也应及时铺设防滑垫，以便车辆的安全出入。

5）在清洁外围环境时，应及时扫水、扫雪、铲冰，以便他人及车辆的出入。

（2）自身安全防护。清洗人员在清洁服务的过程中，要做好自身防护，就必须知道哪里有危险，要懂得如何保护自己，以免受到伤害。

1）清洁办公室的时候，必须有严格的办公室钥匙管理制度。除指定人员外，钥匙不得交与任何人。客人要求开门或在清洗人员作业需返回办公室内时，都应严格履行登记手续。

2）在清洁玻璃或玻璃用品时用力要轻，避免玻璃破碎伤手。

3）清洁卫生间时要戴防护手套和口罩，预防细菌感染，防止损害皮肤。清洁完成后，应注意洗手。

4）清洁楼梯时要注意安全，避免踩空跌落事故。

5）由于地下车库的灯光较暗且车流量较大，清洁地下车库时一定要穿反光背心，并注意行车道的来往车辆，避免抢行通过而发生危险。

6）在收集、清运垃圾时，应戴防护手套和口罩，要特别注意尖锐垃圾的捡拾和分类，以避免划伤等伤害。作业完成后，还应认真洗手、消毒。

7）遇到夏季高温天气，在清扫外围环境时，要做好防护，以防中暑。

8）在清洁外围环境时，要注意高空坠物，雨天不要在树下避雨，以防雷击。

9）遇到跑水、火灾等紧急情况时，要保持镇定，不要猛跑，避免滑倒摔伤或其他意外发生，并立即报告上级及相关部门。

2．登高清洁作业

建筑物内部的高处清洁一般都属于登高清洁作业，如内墙、大堂顶面、天花板、大型吊灯等清洁作业。登高清洁作业常常借助于登高工具或设备，清洗人员在登高清洁作业中的安全操作规程如下：

（1）清洗人员必须经过安全作业培训。

（2）登高作业前先检查周围环境是否有不安全因素。

（3）登高工具或设备的结构必须牢固可靠。

（4）作业区周围必须设置安全警示标志，严禁无关人员进入，或意外闯入。

（5）登高作业时必须戴好安全帽，系好安全带，穿好防滑鞋。

（6）清洗人员在工作中，不得将水桶、毛巾、清洗工具等有关物品随意掉落或抛掷。

二、设备和工具的安全操作规程

在进行清洁作业前，必须检查所用工具、设备是否完好，有无不安全因素。

1．日常清洁作业

（1）清洁设备的检查

1）清洁设备应摆放在不妨碍车辆、行人通行的地方。

2）使用清洁设备之前，首先要检查设备电源线有无破损，接线头是否绝缘良好，设备要求使用的电压是否相匹配，设备的各种零部件是否齐全完好等。

3）清洁设备必须使用专用插座，安装有漏电保护器的插座；清洁现场周围若无专用插座，可使用带有漏电保护的专用移动电盘，严禁乱接乱用；漏电保护器每月试用一次，检查是否正常。

4）接好电源后，在正式使用之前要先进行试运行，看是否运转良好，确保无误后方可进行清洁作业。

（2）清洁设备的操作

1）清洗人员必须经过专业培训，经考核合格后方可操作设备。

2）清洗人员必须严格按照设备使用说明书的要求进行操作。

3）清洗人员应了解所操作设备的性能，并具有熟练的操作技能。

4）在使用过程中，若发现设备异常，应立即停止使用并拉下主控开关，找电工和专业人员检查，排除故障后方可重新操作。

5）清洗人员在开关设备时，不得用湿手接触电源插座，以免触电。

6）移动清洁设备时，严禁雨中操作。若确需进行作业时，必须采取防水、绝缘措施确保安全后，方可进行作业。

7）清洁作业完毕之后，使用插头的可直接拔下插头，无插头插座的要找专业电工拆下电源线，不许自行拆线；最后应彻底清理清洁现场以消除隐患。

（3）清洁设备的维护保养

1）任何清洁设备在进行维护保养、更换工具、移动位置等工作之前，必须先拔下电源插头。

2）因设备故障在上一班次或上一工作日未修复完毕的移动电气设备，应做好交接班记录。接班人员应负责继续修复设备直至完成，严禁出现推诿扯皮现象，使设备带病作业。

3）定期对清洁设备进行检查，并做好检查记录发现故障及时报修。

2. 登高清洁作业

（1）使用木高凳的注意事项

1）使用前应检查凳腿或踏板，如出现劈裂、折断、腐朽等现象时，不准使用。

2）上下木高凳时不准携带笨重材料和工具，不准在凳面上放置材料和工具。

3）一个木高凳上不准同时有两人作业，一个人不准脚踩两只高凳作业。

（2）使用梯子的注意事项

1）在清洁作业之前，必须对梯子进行全面检查。

2）在光滑坚硬的地面上使用梯子时，梯脚应套上橡胶套或在地面上垫防滑物。

3）上下梯子时必须面向梯子，且不可手持重物。工具、材料等应放在工具袋内，不得上下抛掷。

4）攀爬2米以上的高度时，地面必须有人扶住梯子，避免梯子不稳或摇动。

5）直梯的工作角度以75°±5°为宜，踏板上下间距以30厘米为宜，上端应有固定措施。

6）人字梯必须安放在固定的基础上，禁止架设在不稳固的建筑物上。

7）人字梯使用时上部的夹角以 35°～45°为宜，且必须有限制开度的安全链。

8）严禁站在 1 米以上人字梯的顶端横杠上作业。

9）在人字梯上工作时，要穿橡胶底或其他类型的防滑鞋，要注意身体的平稳性。

10）一般不准两人或数人同时站在一个人字梯上工作，尤其要注意作业方式与姿势，避免头向后仰望作业，以防后仰坠落。

（3）使用快装脚手架的注意事项

1）在清洁作业之前，必须对脚手架进行全面检查。

2）脚手架必须放置平整、坚实的地面上。

3）清洗人员必须戴安全帽和安全带。

4）严禁脚手架上的清洗人员以抛掷方式传递工具和设备器材配件等。

5）脚手架上工具、材料等应均衡堆放，防止架体倾斜或倒架的事件发生。

（4）使用升降台的注意事项

1）升降台升高之前，要检查车上护栏结构是否完好，是否牢固。

2）在升降的过程中，注意升降台上部和附近设施，防止升降台撞击其他设施或清洗人员头部。

3）清洗人员在工作台的护栏内操作时，不要将身体重心置于护栏以外。

4）不可将梯子靠放在升降台的工作台上使用，不可爬、坐或站在工作台的护栏上。

5）在升降台上工作时必须小心谨慎，防止工具掉落砸伤人员或砸坏物品。

三、清洁剂的安全操作规程

1. 清洁剂的稀释

大部分的清洁剂必须稀释后方可使用，使用前应由专人按规定的配比进行稀释。由于清洁剂含有多种化学成分和不安全的因素存在，稀释时要注意戴好防护手套、护目镜、口罩等防护用品。

2. 各类清洁剂的使用安全注意事项

（1）具有腐蚀性的清洁剂。这类清洁剂如不慎溅到皮肤上会导致灼伤。在使用这类清洁剂时，不能加水，如果不慎溅入眼内，要用大量清水冲洗，必要时立即就医。

（2）渗透性强的清洁剂。强酸、强碱等清洁剂具有较强的渗透性，不应与皮肤直接接触，否则会造成皮肤的伤害。在清洁作业中，必须配备防护手套。如果不慎溅到皮肤上或溅入眼内，应立即用大量清水冲洗干净，必要时就近就医。

（3）具有刺激性的清洁剂。这类清洁剂会刺激眼睛和呼吸系统，溅到皮肤上可能会引起过敏。如果不慎溅入眼内时，应立即用大量清水冲洗，必要时及时就医。

（4）易燃性的清洁剂。这类清洁剂，如乙醇，必须严格按照相关的操作规程正确使用和存储，要注意拧紧瓶盖，并严禁在清洁服务现场吸烟。

（5）有毒清洁剂。这类清洁剂吸入后会出现中毒的现象，从而刺激眼睛、呼吸系统和皮肤，造成人身伤害，必须配备个人防护用具方可作业，如防护手套、口罩、护目镜等。万一不慎溅到皮肤上或溅入眼内时，必须立即用大量清水冲洗，必要时就近就医。

四、仓库的消防安全操作规程

为了加强仓库安全管理，保证仓库免受火灾危害，应根据《中华人民共和国消防法》制定仓库安全及防火管理制度。

1．电气管理

（1）仓库电气装置必须符合国家现行的有关电气设计和施工安装验收标准规范的规定。

（2）仓库内使用日光灯照明，不准使用白炽灯泡。

（3）库房内不准设置移动式照明灯具。照明灯具下堆放物品，其垂直下方与储存物品水平间距不得小于 0.5 米。

（4）保管人员离库时，必须拉闸断电。

（5）库房内不准使用电炉、电烙铁、电焊机、电熨斗等电热器具和电视机、电冰箱等家用电器。

2．火源管理

（1）仓库应当设置醒目的防火标志。

（2）库房内严禁使用明火，库房院内禁止抽烟。库房处动火作业时，必须经安保部批准，并采取严格的安全措施后方可进行。

（3）库房以及周围 50 米内严禁燃放烟花爆竹。

3. 消防设施和器材管理

（1）仓库应当按照国家有关消防技术规范，设置、配备消防设施和器材。

（2）消防器材应当设置在明显和便于取用的地方，周围不准堆放杂物。

（3）仓库的消防器材设施，应当由专人管理，负责检查、维修、保养、更换和添置，保证完好有效。严禁圈占、埋压和挪用。

（4）对灭火器应当经常进行检查，保持完整好用。

（5）库房门口和院门口严禁堆放物品。

第三节　安全教育与检查

一、安全教育

1. 三级安全教育

（1）公司安全教育。主要有劳动安全法律法规，安全生产基础知识，本单位安全生产规章制度，劳动纪律，作业场所和工作岗位存在的危险因素、防范措施及事故应急措施等。

（2）项目部安全教育。主要有项目的性质、特点及基本安全要求，安全操作规程，作业场所和工作岗位存在的危险因素、防范措施及事故应急措施，项目安全管理制度和劳动纪律，同类项目伤害事故教训等。

（3）班组安全教育。主要有班组安全概况，工作性质和职责范围，应知应会，岗位工种的工作性质，劳动防护用品的使用方法，事故紧急救灾措施和安全退防路线等。

2. 特种作业人员安全教育

清洁行业的特种作业人员主要是指从事高处（高空）清洗等特殊作业的清洗人员。

根据国家安全生产监督管理总局 2010 年发布的《特种作业人员安全技术培训考核管理规定》，特种作业人员必须经专门的安全技术培训并考核合格，取得《中华人民共和国特种作业操作证》后，方可上岗从事相应作业。

因此，特种作业人员必须接受与本工种相适应的、专门的安全技术培训，熟练掌握安全操作规程，经安全技术理论考核和实际操作技能考核合格，持证上岗。未经培训，或培训考核不合格者，不得上岗作业。

3. "五新"作业安全教育

"五新"指的是新技术、新工艺、新材料、新产品和新设备。"五新"作业时，安全教育格外重要。

4. 复工、调岗安全教育

复工安全教育是指离开操作岗位 6 个月以上的清洗人员进行的安全教育。

调岗安全教育是指清洗人员在本部门临时调动工种和调往其他部门临时帮助工作的，由接受部门进行所担任工种的安全教育。

二、安全检查

1. 安全检查的内容

现场班组安全检查的内容主要有：

（1）现场必须有安全员。

（2）现场各项安全记录做到准确、齐全、清晰、工整，安全记录本要保管完好。

（3）现场每个岗位都有安全生产责任制和安全操作规程。

（4）新入职、新调换工种的清洗人员，离岗 1 个月后上岗的清洗人员，上岗前要全部进行班组安全教育及考核，教育考核有记录。

（5）特种作业人员持证上岗率达到 100%。

（6）每周按规定的内容组织安全活动，做到人员、时间、内容三落实，活动有记录。

（7）清洗人员要有自己的安全检查重点，巡回检查路线及标准，并按点、路线、标准进行检查，检查有记录。

（8）按时进行班前安全工作布置、班中安全检查及班后安全讲评，并有记录。

（9）连续清洁服务的岗位要认真执行交接班制度，并有记录。

（10）危险操作现场要有安全监护人，严格执行监督检查，每次有记录。

（11）所使用的设备、工具等有专人保管，有安全检查责任牌，按时进行检查，检查有记录。

（12）所有设备、工具必须完好，安装前符合要求；部件、附件完好齐全、连接牢固；防护、保险、信号、仪表、报警完好齐全，准确灵活，作用有效，所有检验项目应有记录，符合规定标准，所有场地的油气水管线和闸门无跑冒滴漏现象。

（13）应设置安全标志的地方，按标准设置且标志完好清晰。

（14）光线、照明要符合国家标准，应设置安全防护的地方应按标准进行安装。

（15）高处作业时，不得有未固定的工具及其他物件。

（16）电气、电路安装正确、完好，该使用防爆电气的地方，按要求使用，应装防静电装置的地方，正确安装防静电装置。

（17）消防设施、器材和工具按要求配备，保管完好，定期进行检验维修。

（18）禁烟火的生产场所，无火源及烟蒂、火柴棒，动火作业按要求办理动火手续，并制定严格的防护措施。

（19）进行有毒、有害作业时，要有安全防护措施。

（20）使用的锅炉、压力容器有注册标牌。

（21）所有上岗人员都严格遵守安全生产技术操作规程和各项生产规章制度，检查岗位练兵。

（22）所有上岗人员都正确熟知本岗位、本班组的安全生产预防措施。

（23）所有上岗人员都要正确使用劳动保护用品。

2．安全检查的方式

（1）定期安全自查

1）各项目安全员除每天的例行检查外，必须每周对本项目进行一次全面安全检查。检查内容根据公司的《安全生产检查项》而定，检查出的隐患问题立即向公司安保处汇报并及时解决，检查过程应填写在《安全生产检查记录本》。

2）在项目安全检查的基础上，由安保部协调项目安全员每月对所属项目进行两次综合性安全检查并将检查情况填写在《安全生产检查记录本》上，发现隐患要及时解决，并对检查出的问题进行分析研究，制定消除隐患的防范措施，且于每月30日前将安全检查情况填写在《安全月报》上报公司安保部。

3）做好季节性安全检查，并将检查情况填写在《安全生产检查记录本》上。

①汛期：雨季前应对设备及线路进行全面检查。

②夏季：暑期前进行防暑降温准备工作的检查。

　　③冬季：上冻前对受冻易损坏的设备进行检查，确保做好各项防冻工作。

　　④干旱季节：对生产工作区、仓库及员工宿舍使用的电气设备、线路和易燃易爆物品进行全面检查，做好防火措施。

　　（2）抽查。安保部将依照《安全生产检查项》对各项目的安全生产情况进行抽查，对在安全检查中发现安全不合格项达到三个以上的项目，则开具《安全不合格项通知单》，一年之内被开具三张以上《安全不合格项通知单》的项目，该项目及安全员取消年底一切评优资格。

　　（3）专项检查。安保部负责实施对高处作业等危险作业进行专项检查，对不符合安全管理规范的违章情节，要及时处理。

　　（4）节假日检查。由主管领导负责组织安全检查，节前做好生产安全保障工作，做到不留安全隐患。

第四节　安全生产应急预案

　　应急预案是指针对可能发生的突发事故，为迅速、有效、有序地开展应急行动而预先制定的行动方案。

　　应急预案又称应急计划，用以明确事前、事发、事中、事后的各个进程中，谁来做、怎样做、何时做以及相应的资源和策略等的行动指南。

一、应急预案的构成

　　应急预案的总目标是控制突发事故的发展并尽可能消除事故，将事故对人、财产和环境的损失减小到最低限度。

　　应急预案实际上是标准化的反应程序，以使应急活动能迅速、有序地按照计划和最有效的步骤来进行，它由事故预防、应急响应、应急保障、应急处置、抢险和后期处置构成。

1. 事故预防

　　通过危险辨识、事故后果分析，采用技术和管理手段控制危险源、降低事故发生的可能性。

2．应急响应

发生事故后，明确分级响应的原则、主体和程序。重点要明确公司、安保部门指挥协调、紧急处置的程序和内容；明确应急指挥机构的响应程序和内容，以及有关组织应急的责任；明确协调指挥和紧急处置的原则和信息发布责任部门。

3．应急保障

应急保障是指为保障应急处置的顺利进行而采取的各种保障措施。一般按功能分为人力、财力、物资、交通运输、医疗卫生、治安维护、人员防护、通信与信息、公共设施、社会沟通、技术支撑以及其他保障。

4．应急处置

一旦发生事故，有应急处理程序和方法，能快速反应处理故障或将事故消除在萌芽状态的初期阶段，使可能发生的事故控制在局部，防止事故的扩大和蔓延。

5．抢险

采用预定的现场抢险和抢救方式，在突发事件中实施迅速、有效，指导群众防护，组织群众撤离，减少人员伤亡，拯救人员的生命和财产。

6．后期处置

后期处置是指突发公共事件的危害和影响得到基本控制后，为使生产、工作、生活、社会秩序和生态环境恢复正常状态所采取的一系列行动。

二、各项应急预案

1．消防工作预案

（1）对员工每年进行一次以上灭火应急预案的训练，包括报警训练、灭火训练、疏散训练等。

（2）一旦发生火灾，现场主管应及时组织员工使用相应消防设备不失时机地自防自救，并应同时向公安消防队报警。

（3）灭火应急的原则应以保证大多数人的安全为前提，在 5～7 分钟内及时阻止火势蔓延最为关键，并迅速打通疏散通道，消除火势对清洗人员疏散的威胁。

（4）扑救火灾。组织力量使用固定灭火装置、灭火器等喷射水流、泡沫、干粉，逐步向火场深处推进，直至彻底扑灭。在扑救的同时，要根据建筑物情况及火势情况，及时采取切断电源、关闭分区防火门、启动消防泵等措施。

（5）救人。积极抢救遭受火灾威胁的人员是灭火工作的最主要任务。火场寻人主要靠喊叫、摸、看等方法，特别要注意通向出入口的通道、走廊及门窗附近。

（6）疏散。按照先着火层，再着火以上层、以下层的顺序组织人员疏散。疏散路口设哨位指挥。不能使用电梯疏散，不能让清洗人员再返回着火房间。

（7）物资保护。对受火灾威胁的各种重要物资、设备、档案资料等是进行疏散还是就地保护，应视火场情况决定。对于易燃易爆、易散出毒气、易助长火势蔓延的物质，应予以疏散和隔离。

（8）排烟。防烟、排烟是保证人员安全，加快灭火进程的必要措施。具体措施为：启动送风排烟设备、开启楼梯楼道自然风窗、关闭分区防火门、防烟门、把电梯全部降至首层锁好、使用喷雾水流排烟等。

（9）安全警戒。在大楼外围、大楼首层出口、着火层分别设置警卫人员，维持秩序，指导疏散，防止坏人趁火打劫。

（10）通信保障。要通过电话、手机、对讲机等保持通信联系，必要时设联络员口语联络。

（11）要保证灭火水电供应，要保证灭火器材即时到位以及消防通道的畅通。

2. 触电事故应急预案

（1）应使触电者迅速脱离电源。

（2）触电急救必须分秒必争，应立即就地迅速用心肺复苏法进行抢救，同时尽快与医疗部门联系，争取医务人员及时赶来抢救。在医务人员接替救治前，不应放弃现场抢救，更不能只根据没有呼吸或脉搏擅自认定触电者死亡，而放弃抢救。

（3）救护人员既要救人，也要保护自己。如触电者在低压带电设备上，迅速切断电源，救护者可使用绝缘工具等解脱触电者。

（4）触电者处于高处时，应防止摔伤。

（5）如触电者在高压带电设备上，救护人员应迅速切断电源，用适合该电压等级的绝缘工具解脱触电者。

（6）触电急救切除电源时，有时会同时失去照明，因此应考虑事故照明、应急灯等临时用电。临时用电应考虑防火、防爆的要求。

3. 突然断电应急预案

（1）明确原因。首先要查清无电原因。做转移负荷操作。操作完成后，向领导汇报，向供电局开闭站反映无电情况，并询问何时能送电。

巡视本单位用电设备是否正常，发现问题应及时解决。不能及时解决的汇报上级领导，提出抢修方案和时限。做好各种记录，包括停电时间，故障情况，抢修内容，故障分析等。

（2）具体操作

1）检查无电路负荷侧的开关，有无掉闸。如果没有掉闸，负荷侧用电设备正常，如果掉闸，要确定是否是本单位造成。

2）检查无电路低压断路器是否断开。

3）检查无电路变压器是否有故障。

4）检查无电路各断路器是否断开。

5）检查后如果本单位一切正常，进行倒闸操作。

6）检查后如果是本单位故障，退出故障设备检修，恢复其他设备的用电。

第五节　事故调查与处理

一、事故调查

调查事故应实事求是，以客观事实为根据。

1. 事故调查项目

（1）现场处理。在事故调查分析没有形成结论以前，要注意保护事故现场，不得破坏与事故有关的物体、痕迹、状态等。当进入现场或做模拟实验需要移动现场某些物体时，必须做好现场标志，同时要采用照相或摄像方式，将可能被清除或践踏的痕迹记录下来，以保证现场勘察调查能获得完整的事故信息内容。

（2）收集物证。对损坏的物体、部件、碎片、残留物、致害物的位置等，均应贴上标签，注明时间、地点、管理者；所有物体应保持原样，不准冲洗擦拭；对健康有害的物品，应采取不损坏原始证据的安全保护措施。

（3）现场记录。应做好以下几个方面的拍照：

1）方位拍照，要能反映事故现场在周围环境中的位置。

2）全面拍照，要能反映事故现场各部分之间的联系。

3）中心拍照，反映事故现场中心情况。

4）细目拍照，解释事故直接原因的痕迹物、致害物等。

5）人体拍照，反映伤亡者主要受伤和造成死亡的伤害部位。

（4）绘制事故图。根据事故类别和规模以及调查工作的需要，绘出事故调查分析所必须了解的信息示意图。

（5）证人取证。尽快搜集证人口述材料，然后对人证材料的真实性考证，听取单位领导和群众意见。

（6）现场取证。包括与事故鉴别、记录有关的材料以及事故发生的有关事实材料。

2．事故调查步骤

（1）事故现场处理

1）危险分析。现场危险分析工作主要有观察现场全貌，分析是否有进一步危害产生的可能性及可能的控制措施，计划调查的实施过程，确定行动次序及考虑与有关人员合作、控制围观者及指挥志愿者等。

2）现场营救。最先赶到事故现场的人员的主要工作就是尽可能地营救幸存者和保护财产。

3）减少二次危害。在现场危险分析的基础上，应对现场可能产生的进一步的伤害和破坏采取及时的行动，使二次事故造成的损失尽可能小。

4）保护现场。完成了抢险、抢救任务，保护了生命和财产安全之后，现场处理的主要工作就转移到了现场保护方面。这时事故调查人员将成为主角并应承担起主要的责任。

（2）事故现场勘查

1）环境勘查。环境勘查是调查人员在现场外围或周围对现场进行的巡视和视察，以便对整个现场获得一个总的概念。通过对现场环境进行勘查，可以发现、采取和判断痕迹及其他物证，核对与现场环境有关的陈述，在观察的基础上可以据此确定事故范围和勘查顺序，划定勘查范围。环境勘查并不仅是对事故现场周围环境的观察，还包括从外部向事故现场内部的观察。

2）初步勘查。初步勘查又称静态勘查，是指在不触动现场物体和不变物体原来位置的情况下所进行的勘查。

初步勘查的目的是核定环境勘查的初步结论；结合当事人或有关人员提供事故前物体的位置、设备状况以及火源、热源、电源等情况进行印证性勘验；查清事故蔓延路线，确定事故发生部位。

3）细项勘查。细项勘查又称动态勘查，是指初步勘查过程中所发现的痕迹与物证，在不破坏的原则下，可以逐个仔细翻转移动地进行勘验和收集。

4）专项勘查。专项勘查是对在事故现场找到的具体对象的勘查。根据它的性能、用途、使用和存放状态、变化特征等，分析是什么原因导致故障发生，或是什么原因造成事故。

5）勘查记录。事故现场勘查记录是分析和处理事故的重要依据，是具有法律效力的原始文书。记录主要由现场勘查笔录、现场照相和现场绘图等三部分组成，还可采用录像、录音等记录方式作为补充。

（3）证人的询问。在事故调查中，证人的询问工作相当重要。据统计，大约50%的事故信息是由证人提供的，而事故信息中大约有50%能够起作用，另外50%的事故信息的效果则取决于调查者怎样评价分析和利用它们。

（4）物证收集与保护。物证的收集与保护是现场调查的另一重要工作。几乎每个物证在加以分析后都能用以确定其与事故的关系，而在有些情况下确认某物与事故无关也一样非常重要。

（5）事故现场照相。事故现场照相的主要目的是获取和固定证据，为事故分析和处理提供可视性证据。

二、事故分析

事故分析是根据事故调查所取得的证据，进行事故的原因分析和责任分析。事故分析包括现场分析、事后深入分析和事故技术分析。

1. 现场分析

（1）基本任务

1）分析事故性质，决定如何开展下一步工作。

2）分析事故原因，包括确定事故的直接原因和间接原因。

3）分析与事故发生有关的其他情况。

（2）基本原则

1）必须把现场勘察中收集的材料作为分析的基础。同时，在分析前应对已收集材料甄别真伪。

2）既要以同类现场的一般规律作指导，又要从个别案件实际出发。

3）要综合各方面的意见，得出科学的结论。

（3）基本步骤。基本步骤包括汇集材料、个别分析和综合分析。

2．事后深入分析

确定事故的起因，明确责任，并采取措施避免事故的再次发生。

3．事故技术分析

（1）事故原因分析。包括整理和阅读调查材料、分析伤害方式、确定事故的直接原因和间接原因。

（2）事故统计分析

1）伤亡事故的统计。包括伤亡事故统计的范围、统计内容、事故统计方法和主要统计指标等。

2）伤亡事故经济损失统计标准。《企业职工伤亡事故经济损失统计标准》中规定了员工伤亡事故经济损失的统计范围、计算方法和评价指标。

（3）事故损失分析。分析直接的损失和间接的损失，有形的损失和无形的损失等。

三、事故处理

事故发生之后，必须按照"三不放过"的原则进行处理，即事故原因未查清楚不放过，相关责任人未得到处理不放过，未制定防范措施不放过。

1．事故批复及其执行

重大事故、较大事故、一般事故，负责事故调查的部门应当自收到事故调查报告之日起15日内做出批复；特别重大事故，30日内做出批复，特殊情况下，批复时间可以适当延长，但延长的时间最长不超过30日。

2．结案类型

在事故处理过程中，无论事故大小都要查清责任，严肃处理，并注意区分责任事故、非责任事故和破坏性事故。

3．事故责任

对于责任事故，应区分事故的直接责任者、领导责任者和主要责任者。其行为与事故的发生有直接因果关系的，为直接责任者；对事故的发生负有领导责任的，为领导责任者；在直接责任者和领导责任者中，对事故的发生起主要作用的为主要责任者。

四、事故调查报告

事故调查报告是事故调查分析研究成果的文字归纳和总结，其结论对事故处理及事故预防都起着非常重要的作用。因而，调查报告的撰写一定要在掌握大量实际调查材料并对其进行研究的基础上完成。

1．写作要求

（1）深入调查，掌握大量的具体材料。

（2）反映全面、揭示本质且不做表面或片面文章。

（3）善于选用和安排材料，力求内容精炼且富有吸引力。

2．报告格式

事故调查报告由标题、正文和附件三部分组成。

（1）标题。作为事故调查报告，其标题一般都采用公文式。

（2）正文。正文一般可分为前言、主体和结尾三部分。

1）前言：前言部分一般要写明调查简况包括调查对象、问题、时间、地点、方法、目的和调查结果等，一般不设子标题或以"事故概况"等为子标题。

2）主体：主体是调查报告的主要部分。

3）结尾：调查报告的结尾也有多种写法。

（3）附件。事故调查报告的最后一部分内容是附件，如鉴定报告等。

143

第六节 职业健康安全管理体系

职业健康安全管理体系（Occupation Health and Safety Management System，OHSMS）是 20 世纪 80 年代后期在国际上兴起的现代安全生产管理模式，它与 ISO 9000 和 ISO 14000 等标准体系一并被称为"后工业化时代的管理方法"。

一、职业健康安全管理体系简介

1. 术语和定义

（1）事故。造成死亡、疾病、伤害、损坏或其他损失的意外情况。

（2）事件。导致或可能导致事故的情况。

（3）危险源。可能导致伤害或疾病、财产损失、工作环境破坏或这些情况组合的根源或状态。

（4）危险源辨识。识别危险源的存在并确定其特性的过程。

（5）持续改进。为改进职业健康安全总体绩效，根据职业健康安全方针，组织强化职业健康安全管理体系的过程。

（6）职业健康安全。影响工作场所内员工、临时工作人员、合同方人员、访问者或其他人员健康和安全的条件和因素。

（7）职业健康安全管理体系。职业健康安全管理是企业管理体系的一部分，用来指定和实施其职业健康安全管理体系方针和管理其职业健康安全管理体系风险。

2. 发展概况

随着职业健康安全管理体系标准的不断发展，世界各国及区域性职业健康安全管理体系标准不断出现，国际标准化组织（ISO）、国际劳工组织（ILO）也在积极准备制定国际性标准。OHSAS 18000 是欧洲十几个著名认证机构及欧亚的一些国家共同参与制定的系列标准，目前已颁布了 OHSAS 18001 和 OHSAS 18002 标准，许多国家及认证机构将其作为实施认证的标准，根据目前国际范围内对该标准的需求及实施情况，该标准已成为被广泛采用的、最有权威性的职业健康安全管理体系标准。

2001 年 11 月 12 日，中国国家质量监督检验检疫总局正式颁布了《职业健康安全管理体系规范》，自 2002 年 1 月 1 日起实施，代码为 GB/T 28001—2001，属推荐性国家标准。

随后经过了相应的修订，2011 年 12 月正式颁布了《职业健康安全管理体系规范》（GB/T 28001—2011）。最新版的《规范》由范围、规范性引用文件、术语和定义、职业健康安全管理体系要素等四部分构成。

3. 职业健康安全管理体系的基本思想

职业健康安全管理体系的基本思想是"以人为本，遵守法律法规，风险管理，持续改进"，管理的核心是系统中导致事故的根源即危险源，强调通过危险源辨识、风险评价和风险控制来达到控制事故、实现系统安全的目的。

4. 积极推行职业健康安全管理体系的必要性和急迫性

积极推行职业健康安全管理体系的必要性和急迫性如下：

（1）我国安全生产形势严峻。随着我国经济的高速发展，我国安全生产形势日趋严峻，各类伤亡事故的总量较大，一直居高不下，特大、重大事故频繁发生，职业病患者也逐步增多。

（2）我国加快了职业健康安全立法步伐，对企业安全生产的要求越来越严。我国出台了大量安全生产法规，特别是在 2001 年和 2002 年相继颁布了《安全生产法》和《职业病防治法》对安全生产提出了强制性的法规要求和标准。

（3）"以人为本，关注员工健康和安全"日益成为现代企业的重要标志和良好形象。

5. 职业健康安全管理体系的作用和意义

（1）让用人单位的职业安全卫生管理由被动行为变为主动行为，促进用人单位职业安全卫生管理水平的提高。

（2）有利于各类职业安全卫生法规和制度的贯彻执行。

（3）促进我国职业安全卫生管理工作与国际接轨，有利于消除贸易壁垒。

（4）职业安全卫生管理体系规范中重要的一条是用人单位应做出遵守法律法规及其他要求的承诺。

（5）有利于提高全民的安全意识。

二、职业健康安全管理体系要素

1．总要求

企业应建立、实施、保持和持续改进职业健康安全管理体系，确定如何满足这些要求，并形成文件。

企业应界定其职业健康安全管理体系的范围，并形成文件。

职业健康安全管理体系模式如图7—2所示。

146

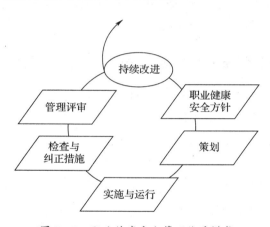

图7—2　职业健康安全管理体系模式

2．职业健康安全方针

（1）企业最高管理者应确定和批准本企业职业健康安全方针，以清楚阐明职业健康安全总目标和改进职业健康安全绩效的承诺。

（2）该方针是建立、实施与改进企业职业健康安全管理体系的推动力，并具有保持和改进职业健康安全行为的作用。

3．策划

（1）对危险源辨识、风险评价和风险控制的策划。企业应建立、实施并保持程序，以持续进行危险源辨识、风险评价和实施必要的控制措施。

（2）法规及其他要求。企业应建立、实施并保持程序，以识别和获得适用于法规和其他职业健康安全要求。企业应及时更新有关法规和其他要求的信息，并将这些信息传达给员工和其他相关方。

（3）目标。企业应针对其内部各有关职能和层次，建立并保持形成文件的职业健康安全目标。

（4）职业健康安全方案。企业应制定并保持职业健康安全管理方案，以实现其目标。

4. 实施与运行

（1）结构与职责。对企业的活动、设施和过程的职业健康安全风险有影响的从事管理、执行和验证工作的人员，应确定其作用、职责和权限，形成文件，并予以沟通，以便于职业健康安全管理。

（2）培训、意识和能力。对于其工作上可能影响工作场所内职业健康安全的人员，应有相应的工作能力。在教育、培训和（或）经历方面，企业应对其能力做出适当的规定。

（3）协商与沟通。企业应具有程序，以确保与员工和其他相关方就相关职业健康安全信息进行相互沟通。

企业应将员工参与和协商的安排形成文件，并通报相关方。

（4）文件。企业应以适当的媒介（如书面纸质或电子形式）建立并保持下列信息：

1）描述管理体系核心要素及其相互作用。

2）提供查询相关文件的途径。

（5）文件与资料的控制。企业应建立并保持程序，控制本标准所要求的所有文件和资料。

（6）运行控制。企业应识别与所认定的、需要采取控制措施的风险有关的运行和活动。

（7）应急准备和响应。企业应建立并保持计划和程序，以识别潜在的事件或紧急情况，并做出响应，以便预防和减少可能随之引发的疾病和伤害。

5. 检查与纠正措施

（1）绩效测量与监视。企业应建立并保持程序，对职业健康安全绩效进行常规监视和测量。

（2）事件调查。企业应建立、实施并保持程序来记录、调查和分析事件，事件调查的结果应形成文件并保存。

（3）纠正措施和预防措施。企业应建立、实施并保持程序来处理实际或潜在的风险，采取纠正措施和预防措施。

（4）记录与记录管理。企业应建立和保持程序，以标识、保存和处置职业健康安全记录以及审核和评审结果。

（5）审核。企业应建立并保持审核方案与程序，定期开展职业健康安全管理体系审核。

6．管理评审

企业的最高管理者应按规定的时间间隔对职业健康安全管理体系进行评审，以确保体系的持续适宜性、充分性和有效性。管理评审过程应确保收集到必要的信息以供管理者进行评价。管理评审应形成文件。

管理评审应根据职业健康安全管理体系审核的结果、环境的变化和对持续改进的承诺，指出可能需要修改的职业健康安全管理体系方针、目标和其他要素。

单元练习题

一、单项选择题（每题所给的选项中只有一项符合要求，将所选项前的字母填在括号内）

1. 在安全生产管理中，安全员的岗位职责之一是杜绝"三违"。"三违"指的是（　　）、违章操作、违反劳动纪律。

A. 违章罚款　　　　　　　　　　　B. 违反道德规范

C. 违章指挥　　　　　　　　　　　D. 违反员工守则

2. （　　）才能操作设备，且必须严格按照设备使用说明书的要求操作设备。

A. 老员工　　　　　　　　　　　　B. 受过专业培训的合格者

C. 领导指派人员　　　　　　　　　D. 设备厂家指派人员

3. 1 米以上人字梯的顶端横杠上严禁（　　）作业。

A. 坐人　　　　B. 站人　　　　C. 搭物　　　　D. 放工具

4. 库房内不准设置（　　）照明灯具。

A. 固定式　　　　　　　　　　　　B. 可调节式

C. 移动式　　　　　　　　　　　　D. 遥控式

5. 库房内不准使用（　　）、电烙铁、电焊机、电熨斗等电热器具和电视机、电冰箱等家用电器。

A. 电炉　　　　B. 手电筒　　　　C. 手机　　　　D. 收音机

6. 在升降台上升降的过程中，必须注意升降台（　　）是否有障碍物或电线。

A. 下方　　　　B. 上方　　　　C. 左方　　　　D. 右方

7. 清洁设备在进行清理、维护保养和更换工具等工作之前，必须先（　　）。

A. 拔下插头，切断电源　　　　　　B. 放置好告示牌

C. 看说明书　　　　　　　　　　　D. 请示主管

二、多项选择题（每题所给的选项中有两个或两个以上正确答案，将所选项前的字母填在括号内）

1. 在安全生产管理中，安全员的岗位职责之一是落实"三工"制度，即（　　）。

A. 工前有交代　　　　　　　　　　B. 工中有指导

C. 工中有检查　　　　　　　　　　D. 工后有总结

2. 有些清洁剂具有不安全的因素存在，如（　　）等。

A. 腐蚀性   B. 刺激性

C. 环保性   D. 易燃性

E. 易爆性

三、判断题（判断下列各题的对错，并在正确题后面的括号内打"√"，错误题后面的括号内打"×"）

1. 在清洁服务过程中，必须坚持以人为本、安全第一、预防为主、综合管理的安全生产方针。   （　　）

2. 清洗人员在清洁服务过程中既要做好他人的安全防护，也要做好自身的安全防护。   （　　）

四、问答题

1. 保障安全生产的运行机制包括哪些内容？

2. 什么是安全生产对策保障体系？

3. 清洗人员的安全操作规程是什么？

4. 什么是三级安全教育？

5. 应急预案的构成有哪些？

6. 事故调查的项目有哪些？

单元练习题答案

一、单项选择题

1. C　2. B　3. B　4. C　5. A　6. B　7. A

二、多项选择题

1. ACD　2. ABDE

三、判断题

1. √　2. √

四、问答题（略）

第八单元　专项清洁管理

第一节 地毯清洁管理

地毯、壁布、墙布、台布、沙发、椅子、靠垫和软包床垫等均属于室内软装饰物。在清洁服务中，地毯清洁是最主要的工作，清洁难度也是最大的，其他室内软装饰物的清洁可参照地毯的清洁，只是在某些细节方面会有所差异。

一、地毯的相关知识

1. 地毯的种类

按材质地毯可分为纯毛地毯、混纺地毯、化纤地毯和塑料地毯。按成品的形态地毯可分为整幅成卷地毯（见图8—1）和块状地毯（见图8—2）。按编织工艺地毯可分为手工编织地毯、机织地毯、簇绒编织地毯和无纺地毯。按表面纤维形状地毯可分为毛圈地毯、剪绒地毯和毛圈剪绒结合地毯。

图8—1 整幅成卷地毯

图8—2 块状地毯

2. 地毯材质特性

（1）纯毛地毯。纯毛地毯属天然蛋白质纤维，外观光泽柔和，富有弹性。

（2）腈纶地毯（聚丙烯腈）。腈纶地毯属化学纤维，光泽好。

（3）尼龙地毯（锦纶66）。尼龙地毯属化学纤维，摸上去手感较差。

地毯的材质特性见表8—1。

表 8—1　　　　　　　　　　　　　　地毯的材质特性

地毯种类	物理性能	化学性能	染色性能
纯毛地毯	吸湿性强、弹性好、手感舒适、不易起皱、较为耐磨，但易霉易蛀	不耐酸碱，遇强酸会溶解，对氧化剂和还原剂都较为敏感	易于染色，但也较易脱色
腈纶地毯（聚丙烯腈）	吸湿性较差、导电性差、易产生静电和被污染现象，但有优异的耐日光性能、优良的防霉防蛀等耐菌能力	对化学药品的稳定性良好，耐酸耐碱，但遇强酸且温度较高时会发黄。对常用还原剂也较为稳定。不受一般有机溶剂、油脂、表面活性剂的影响	染色较为困难，但不易脱色，且色泽鲜艳
尼龙地毯（锦纶66）	弹性好（比纯毛好）、有韧性、强度高、耐磨耐用、比重小、耐霉耐蛀，但吸湿性较差，介于纯毛和腈纶之间，抗电性差	对化学药品的稳定性良好，但能被氧化剂破坏。对一般的有机溶剂比较稳定，干洗时不会受到严重损伤，比纯毛的耐碱性好得多，稀酸不致损伤纤维，但遇浓酸会溶解	染色困难，但不易脱色

3. 地毯的构造与编织

（1）地毯的构造。地毯的构造有面层、承托层、副承托层和衬垫层四层。

面层通常用天然纤维和人造纤维织成，表面疏松、柔软、纤维感强。

承托层通常用纤维织成，起支撑作用，提高地毯的稳固性和耐用性，面层纱线和此层物料相互缠织。

副承托层一般用麻或化纤织成，用黏合剂紧附着承托层，牢固地结合整块地毯组织。

衬垫层一般为塑胶孔状结构，其作用是使地毯与地面隔离，增加透气性和弹性。

（2）地毯的编织。地毯的编织方法主要有手工编织、机器编织和无纺三大类。

手工编织地毯是自古以来就使用的方法，波斯地毯就属于此类。这种地毯做工精细、图案优美、毯面丰满。手工编织地毯一般都价格昂贵。

机器编织地毯的生产效率高，外观质感等方面虽不如手工编织地毯，但价格较低。机器编织地毯主要有威尔顿机织地毯和阿克斯明特机编地毯两种。

无纺地毯是一种不需要编织的地毯，制作简便，更适合大量生产，价格低廉，是普及型地毯。

153

4．地毯纤维的鉴别

地毯纤维鉴别最简单的方法就是采用燃烧测试法。具体方法是从地毯上取下几根绒线，使用打火机点燃纤维，如图8—3所示。

点燃后根据燃烧气味、燃烧现象以及燃烧残留物，即可容易地鉴别地毯的材质，见表8—2。

图8—3　地毯纤维

表8—2　　　　　　　　　　　　　燃烧测试法

熔化			不熔		
纤维类型	燃烧近似气味	灰烬	纤维类型	燃烧近似气味	灰烬
尼龙	芹菜	褐至黑	羊毛	头发	黑/粉碎
聚酯	甜/水果	纯黑	人造丝	纸	灰/粉碎
丙烯酸	烤肉	暗黑	棉	纸	白/粉碎
烯基	沥青	褐至黑			

154

纯毛燃烧时无火焰，冒烟、起泡、有臭味，灰烬多呈有光泽的黑色固体，用手指轻轻一压就碎。

锦纶燃烧时也无火焰，纤维迅速蜷缩，熔融成胶状物，冷却后成坚韧的褐色硬球，不易研碎，有淡淡的芹菜气味。

丙纶在燃烧时有黄色火焰，纤维迅速蜷缩、熔融，几乎无灰烬，冷却后成不易研碎的硬块。

二、地毯的清洁

1．清洗工艺

（1）干燥去污。干燥去污是指使用真空吸尘的设备将地毯上的干燥污物进行清除的方法。在清洁作业中，清洗人员在了解污物在地毯上如何聚集和在哪里聚集的基础上，配备强力高效的设备，利用技术最大限度地清除干燥灰尘颗粒污物。

（2）污物分离原理。污物分离的目的就是将污物从地毯纤维和纱线表面分离，为最终将污物去除或吸出做准备。

污物分离原理包括四个基本要素，即物理力、化学力、温度和时间。这四个基本要素为最大限度分离污物提供基础，每个基本要素都能促进污物的去除。

1）物理力。物理力的作用就是搅拌清洁剂，使得清洁剂在地毯纱线中分布均匀，提高污物分离程度。清洁剂的搅拌可通过人工（如手刷）或机械（如转盘或转刷）完成。

2）化学力。清洁剂对地毯清洁来说是一种化学力。

3）温度。温度升高可加速化学反应，从而使清洁剂的作用更加有效，可减少清洁剂的用量，进而减少清洗后清洁剂的残留。

4）时间。清洁剂在清洁对象上停留的时间称为停留时间。聚集在地毯上的污物不可能在片刻之间就被分离，正确的做法是让清洁剂与污物接触几分钟，才能保证使污物完全分离。

（3）污物移除原理。一旦污物被均匀分离后，必须要用物理方法将污物从地毯上吸出去除。

将分离的污物和残留的清洁剂排除的常用清洗方法有吸收、湿式真空吸尘、用清水清洗或真空吸尘等。

（4）拉毛处理。拉毛处理就是使用地毯梳将清洗过的地毯进行梳理倒向，使得地毯毛的倒向一致，清洗后的地毯进行拉毛处理，可以达到地毯的最佳外观。

（5）干燥。在使用湿洗法进行清洗时，干燥指的是采用各种方式尽快干燥地毯使其恢复正常使用的过程。通常干燥时间为 1 ～ 12 小时，过分潮湿的地毯干燥时间也不要超过 24 小时。

影响干燥的因素有很多，包括室外天气、室内干燥设备和通风条件等。如果干燥时间较长，可使用便携式干燥机或除湿机加速地毯干燥。这是由于过长时间的潮湿状态可能会导致微生物的产生，因而降低室内空气质量。

（6）清洗后处理。可使用防静电剂、除臭剂、消毒剂、杀菌剂和防污防锈剂等对地毯进行清洗后处理。

2. 清洗方法

地毯的清洗方法分为干洗法和湿洗法两大类。

（1）干洗法。干洗法包括吸收剂混合物法和吸收剂垫干洗法。

吸收剂混合物法是湿度最小的方法，可用于任何地毯包括自然和合成纤维地毯的清洗。

吸收剂垫干洗法是湿度最小的方法，可用于任何地毯包括自然和合成纤维地毯的清洗。

（2）湿洗法。湿洗法包括刷洗法、高泡法、抽洗法和高压蒸汽法。

刷洗法是一种最常用的清洗方法，适用于化纤地毯和部分纯毛地毯。

高泡法和抽洗法（见图8—4）可用于任何地毯包括自然和合成纤维地毯的清洗。

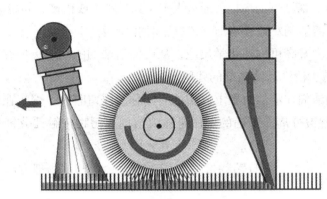

图8—4　抽洗法

高压蒸汽法是将混有清洁剂的水溶液加热形成蒸汽喷在地毯上刷洗，同时，植入式真空吸头迅速将污水吸走，如图8—5所示。高压蒸汽法是可彻底清洗地毯的方法，清洁剂残留少，并且干燥迅速，干燥时间为2～4小时。因此，对地毯的伤害最小。通过高温的物理作用杀虫灭菌，无副作用。

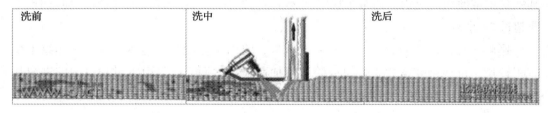

图8—5　高压蒸汽法

高压蒸汽法可用于任何轻度或重度污染的地毯的清洗。

3．清洁流程

（1）对地毯进行检查

1）观察地毯表面，看其规格尺寸、脏污程度、存在的污渍以及磨损情况等。

2）鉴别出地毯的纤维类型。

3）识别地毯的类型和编织方法。

（2）提出适当的清洗方法或方案。

156

（3）确定清洗项目及价格。需要注意的是对于耗时较长的大片污渍或难以去除的色渍应额外收费。

（4）确定清洗使用的设备、工具及清洁剂。

（5）清洗地毯。清洗过程包括吸尘、预喷、清洗、拉毛、干燥和洗后处理。

（6）清洗后的检查。

三、地毯清洁常用设备及工具

1．清洁设备

目前国内常见的地毯清洗设备主要有盘式洗刷机、高泡地毯清洗机、喷抽式地毯清洗机（地毯抽洗机）、高压蒸汽地毯清洗机、吸尘器、喷雾器、吸水机、吹干机等。

其中喷抽式地毯清洗机和高压蒸汽地毯清洗机又有分体式和一体式之别。

按清洗的方式分为有刷式和无刷式，有刷清洗方式分为滚刷和摆刷，滚刷中又有单滚刷和双滚刷。在无刷式中分为直线间断无刷清洗和旋转连续无刷清洗，同时在无刷式中还分为有喷射清洗和无喷射清洗。

（1）盘式洗刷机（见图8—6）。盘式洗刷机主要用于清洗合成纤维织物的地毯。

（2）高泡地毯清洗机（见图6—13）。高泡地毯清洗机可用于清洗任何轻度污染的地毯，包括天然和合成纤维地毯的清洗。

（3）喷抽式地毯清洗机（见图8—7）。喷抽式地毯清洗机可用于清洗任何轻度或重度污染的地毯，包括天然和合成纤维地毯的清洗。

（4）无刷式高压蒸汽地毯清洗机（见图8—8）。无刷式高压蒸汽地毯清洗机可用于清洗任何轻度或重度污染的地毯，包括天然和合成纤维地毯的清洗。

（5）吸尘器（见图8—9）。吸尘器主要用于地毯清洗前的干燥除污，去除那些固体污渍和灰尘。同时，也可用于地毯清洗干燥后去除浮毛。

（6）吹干机（见图8—10）。吹干机用于地毯清洗后的干燥，加快室内的空气流动，使用时应避免直接吹到地毯。

图8—6　盘式洗刷机

a）　　　　　　　　　b）　　　　　　　　　c）

图 8—7　喷抽式地毯清洗机

a）有刷一体式　b）无刷一体式　c）分体式

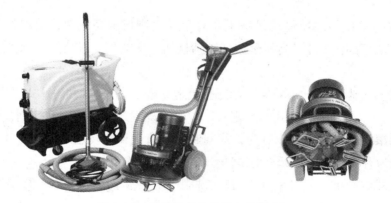

图 8—8　无刷式高压蒸汽地毯清洗机

图 8—9　吸尘器

图 8—10　吹干机

（7）地毯喷吸扒头（见图 8—11）。地毯喷吸扒头配合喷抽式地毯清洗机和高压蒸汽清洗机清洗头洗不到的地方，也可以直接清洗地毯。

图 8—11　地毯喷吸扒头

2．清洁工具

（1）地毯梳（见图 6—36）。地毯梳用于清洗后的地毯梳理，以使得清洗后的地毯毛倒向一致、美观漂亮。

（2）去渍刷（见图 6—37）。去渍刷配合各种去渍剂使用，是去渍用的工具，只能用于敲打和刮擦剥离，严禁用来刷洗。

四、地毯清洁常用清洁剂

1．清洁剂的类型

地毯清洁常用的清洁剂主要有常规清洁剂、去渍剂、除味剂和消毒剂等

（1）常规清洁剂。常规清洁剂有预喷剂、清洗剂、漂洗剂、中和剂及保养剂。

（2）去渍剂。去渍剂就是用于去除常规清洁剂不能去除的污渍，比如 CSR 饮品去渍剂，这是一种分解剂，可以清除地毯和布艺家具上的茶渍、咖啡渍、红酒渍以及果汁渍等。这类污渍在完全干燥后（一般是在 48 小时后）进行处理，去渍效果较好。

（3）除味剂和消毒剂。除味剂可以解决大多数异味，消毒剂用于消毒或灭菌。

2. 清洁剂使用注意事项

严格按照清洁剂的使用说明操作，对于大多数清洁剂可参照下列注意事项：

（1）远离火源和热源，在通风环境中使用，避免溅到眼睛和接触皮肤。

（2）稀释清洁剂时避免吸入粉末或气体。

（3）如不慎溅到眼睛或皮肤上，请立即用水冲洗直至不适感消失。

（4）如不慎吞咽，请大量喝水缓解不适并及时就医。

五、地毯的保养

1. 清洗频率

清洗频率指的是地毯在使用过程中每年所制订的清洗计划。对于使用环境恶劣如灰尘严重或通行频繁区域的地毯，或用于有过敏和呼吸问题人员房间的地毯，清洗频率要高。对于通行较少区域，如起居室、餐厅等地方的地毯，清洗频率则可低一些。

确定清洗频率要考虑各种外在环境、寒冷天气状况和容易遭受生物污染的高湿环境等。从公共卫生的角度出发地毯清洗频率可参考表 8—3。

表 8—3　　　　　　　　　　清洗频率参考

环境		正常	户外有灰尘	气候寒冷	高湿环境
疗养院		1 个月	1 个月	1 个月	1 周
住宅	2 人，不吸烟	6 ~ 12 个月	2 个月	4 ~ 6 个月	4 ~ 6 个月
	2 人，吸烟	4 个月	2 个月	3 个月	4 个月
	儿童房间	6 个月	1 个月	3 个月	3 个月
	儿童房间，有宠物	3 ~ 6 个月	1 个月	2 个月	2 个月
办公楼	一层	3 ~ 6 个月	1 ~ 4 个月	2 ~ 6 个月	2 ~ 6 个月
	二层以上	6 ~ 12 个月	2 ~ 6 个月	3 ~ 9 个月	3 ~ 9 个月
餐饮服务设施		1 个月	1 周	2 周	2 周
商用场所（零售商场、银行等）		3 ~ 6 个月	1 个月	2 个月	2 个月

2．地毯的日常保养

（1）控制污物。大部分污物最初聚集在酒店、家庭或商业建筑的主入口附近。一旦进入内部，灰尘就会损害地毯纤维和室内的外观。同时，还会对室内的空气质量产生影响。必须使用适当的入口地垫，努力将灰尘阻止在户外。地垫种类和大小的选择必须考虑灰尘的类型和数量以及进出建筑物的人数。

情况允许时，吸收污物和湿气的入口地垫应该放在家庭或建筑物的入口处地毯区域前面。如果可能，不要覆盖在地毯上。必须定期对地垫进行真空吸尘、抖落和清洗处理，或进行定期更换。

（2）地毯真空吸尘。使用保养良好的高质量设备进行真空吸尘是日常保养地毯的最重要步骤，这样可延长地毯寿命和保持地毯外观。要选用带毛刷的顶部吸入立式或带"动力头"毛刷的真空过滤吸尘器进行定期吸尘。

从地毯中吸出的灰尘要收集在吸尘器中处理好，不要使其再进入空气中，造成室内空气污染。为此，使用的吸尘设备必须备有高效过滤系统和灰尘收集袋。

（3）及时除污。如果使用清水或稀释后的中性无残留除垢剂（pH = 5 ~ 9）迅速冲洗和吸干，除饮品类的污渍外，大部分新鲜污渍是可以轻易去除的。

如果忽视这些污垢，污渍就有可能与地毯纤维结合形成永久污渍。

3．地毯的特殊保养

地毯的特殊保养指的是对地毯进行的防霉、防蛀处理。

（1）化纤地毯的防霉防蛀。化纤地毯包括尼龙地毯、丙纶地毯和腈纶地毯等。蛀虫等微生物的生存环境需要有蛋白质成分，而化纤地毯是无法提供蛋白质的，因此化纤地毯不会发生蛀虫霉变情况，基本上不需要特殊保养，只需使用吸尘器清洁即可。

（2）纯毛地毯的防霉防蛀。纯毛地毯含有蛋白质，比较容易生虫、发霉，需要加强保养，具体方法如下：

1）保持地毯的清洁、干燥。地毯使用一段时间后，应搬到室外，敲去灰尘，晾一晾，但不要暴晒，切忌在阳光下直射，否则地毯会褪色。清洗后的地毯再重新铺用前，应将地面清扫干净。

2）需定期到羊毛地毯专业清洗店进行清洗，或请人上门清洗。

3）木质地板上最好打蜡，过两三天后再往地板上撒一层卫生球面，然后铺地毯。

4）存放地毯时，要放置地毯防虫剂，但防虫剂最好不要接触到地毯本身，以防腐蚀，然后用塑料袋裹紧地毯存放。

第二节　石材及类石材清洁管理

随着城市建设的不断加快，石材作为建筑物的装饰材料和主体材料广泛应用于室内外装饰设计、幕墙装饰和公共设施建设。这些石材的应用既美化了环境，同时也提高了人们的生活质量。

一、石材基础知识

建筑装饰用石材主要有天然石材和人造石材两大类。

1．天然石材

天然石材（见图8—12）是指从天然岩体中开采出来的，并经加工成块状或板状材料的总称。建筑装饰用的天然石材主要有花岗石、大理石、砂石和板石。

2．人造石材

人造石材（见图8—13）是一种人工合成的装饰材料，如人造大理石。

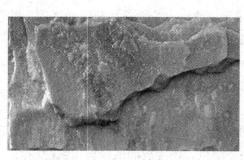

图8—12　天然石材

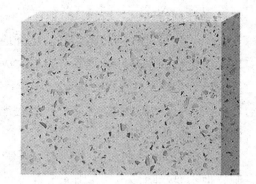

图8—13　人造石材

随着现代建筑事业的发展，对装饰材料提出了轻质、高强、美观、多品种的要求。人造石材就是在这种形势下出现的。它重量轻、强度高、耐腐蚀、耐污染、施工方便，花纹图案可人为控制，是现代建筑理想的装饰材料。

二、石材的病变与损坏

装饰石材的装饰性能是由石材的颜色、光泽、表面花纹和可拼接性图案来决定的。石材的损坏、污染及病变直接影响了石材的装饰性能，要进行有效的养护，增强石材的装饰性能，必须要先了解石材损坏的原因。

1．石材病变

（1）原因。使石材产生各种病变的原因有很多，归纳起来主要有以下几个方面：

1）化学原因。石材内部的元素与外界环境的氧气、雨水等物质发生化学反应。

2）物理原因。石材在被开采之后，自然环境发生变化，石材中的部分物质会失去结晶水而变得干燥、褪色。在施工中的油渍和涂料等色素污染以及使用中的冻损等。

3）生物原因。在存储及使用过程中的苔藓、地衣等生物的生长。

（2）类型

1）石材微孔被异物占据，而石材本身微结构还未受到明显破坏，如水斑、白华、锈斑、油斑和油污斑、色素污染等。对于这类病症，可采用石材清洗方法来处理。

2）石材微结构已经受到一定程度的破坏。石材表面粗糙，失去光泽，石质变得疏松，石材表层出现粒状脱落（粉化），石材内部的节理裂隙扩张加大等。对于这类病症，一般使用翻新方法进行处理。

2．石材损坏

石材损坏的原因及其外在表现包括：

（1）自然风化

1）表面粗糙、粉状。

2）表面泛黄、变色。

3）盐类晶华。

4）冻融破裂。

5）霉化、藻化。

6）空洞、窝坑。

（2）人为损坏

1）使用强酸碱清洁剂造成石材表面出现孔洞等。

2）硬物的碰撞造成表面的损伤，或清洁不当造成的表面刮花。

3）液体污染，渗入石材缝隙造成表面的污染。

三、石材养护

石材养护指的是在石材铺设完成后，利用先进的技术及方法，对石材进行专业、规范的保养和防护措施，以延长装饰石材的使用寿命。

石材养护是一个行业概念，是石材行业的衍生产业。石材养护的主要内容包括石材防护、石材的日常护理、石材的表面处理和石材的病症处理。

1. 石材防护

石材防护就是利用化学的方法对石材进行防护性保护，使用石材专用防护剂涂刷于石材的待防护部位，使防护剂均匀分布在石材表面或渗透到石材内部形成防护层或防护膜，这道防护层或防护膜具有防水、防油或防污染等多种功能，以使石材抵御外界因素对其进行的侵蚀破坏，消除产生自身产生的降低美观性的内在因素，从而达到提高石材使用寿命和装饰性能的效果。

石材防护在石材的整个使用中是一个非常重要的环节。如果石材在使用之前就先做好防护处理，可以在很大程度上避免石材后续出现的各种问题，但是这一点往往容易被忽视或者遗忘。

实际上，石材在使用过程中出现的很多问题，都可以通过防护来进行预防。相对于出现问题后的病变治理，提前防护效果更佳。

2. 石材的日常维护

对使用中的石材进行日常的维护，可以维持石材的装饰效果，延长使用寿命。

石材的日常维护方法主要有石材清洗、石材打蜡和晶面处理。

（1）石材清洗。使用洗地机，配合吸尘吸水机、洗石水等清洁工具和清洁剂进行清洗。

（2）石材打蜡。使用打蜡机配合石材护理蜡对石材进行打蜡处理。

（3）晶面处理。晶面处理工艺在 20 世纪 80 年代末起源于欧洲，是针对水蜡工艺中硬度、光泽度、清澈度不够及工艺烦琐等不足，改良开发而成的一种新型石材护理工艺，现已逐步取代打蜡工艺。

晶面处理就是利用晶面处理清洁剂，在单盘加重机的重压及其与石材摩擦产生的高温双重作用下，通过物化反应，在石材表面进行结晶排列，形成一层清澈、致密、坚硬的保护层，起到增加石材保养硬度和光泽度的作用。

3．石材的表面处理

石材表面处理的方式有很多，且各有特色，所加工出来的效果也不同。石材表面处理的主要类型有以下几种：

（1）抛光。抛光处理会提高石材表面的光泽度。

（2）磨光。磨光处理之后的石材表面会有明显的刮痕。

（3）酸洗。酸洗的效果则是表面会出现轻微腐蚀的痕迹。

（4）剁斧。剁斧处理的表面不光滑，通过锤打，形成表面非常密集的条状纹理。

（5）火烧。火烧处理之后，石材的表面会变得粗糙。

（6）开裂。开裂处理也会使得石材表面粗糙，但是程度不如火烧。这种表面处理通常是用手工切割或在矿山錾以露出石材自然的开裂面。

（7）翻滚。翻滚处理则是使得石材表面光滑或稍微粗糙，边角光滑且呈破碎状。

（8）喷砂。用砂和水的高压射流将砂子喷到石材上，形成有光泽但不光滑的表面。

（9）刷洗。刷洗处理是让石材表面变得古旧，模仿石头自然的磨损效果。

4．石材的病变处理

石材病变的处理就是使用专业清洁剂去除污渍，消除各种影响装饰效果的污渍和斑痕等，从而使石材恢复本色。

（1）石材清洗。石材清洗主要针对装饰石材表面的污染物进行清洗，使石材恢复原有的色彩、光泽、纹理和质感，如图8—14所示。

石材清洗并不是对任何石材以及任何石材病症都有绝对的效果。应当结合其他方法一起进行，才会达到最佳的效果。

石材清洗的方法有化学清洗法、物理清洗法和化学物理综合法。

1）化学清洗法。化学清洗是通过清洁剂与石材病症源发生化学反应，从而消除石材病变及污垢。目前化学清洗是日常使用最多、操作最简便的方法，但也是最难控制和掌握的方法，稍有不慎就会造成石材的永久性损坏。

图 8—14　石材清洗

2）物理清洗法。使用高低压水洗、吸附、激光、抛光等物理方法消除石材病症。物理清洗一般不会对石材造成永久性损坏，但清洗完成后，应使用石材防护产品及时进行防护处理，以避免石材病症再次产生。

3）化学物理综合法。化学物理综合法是一种既有化学反应，又有物理清洗过程的清洗方法。这种方法的清洗过程是通过化学清洗、物理吸附和干燥来完成的。

（2）石材翻新。翻新是针对石材病变引起的表面或表层微结构破坏而进行处理的一种方法。

经过石材翻新可以将石材受损表面磨去以及做镜面护理，使石材恢复天然质感及光泽度，如图 8—15 所示。

图 8—15　石材翻新

从技术层面来讲石材翻新可分为浅层翻新和深层翻新。

1）浅层翻新。当石材表面失去光泽或发生橘皮现象等，一般可通过浅层翻新解决。浅层翻新的磨削量极小。

2）深层翻新。当石材接缝明显不平、石材表面有洞或裂纹越来越多并日趋明显时，则需进行深层翻新。由于深层翻新需进行专业修补及大量磨削，需专用水磨机及专业辅料，对清洗人员要求较高，故该类工程一般由专业石材养护工程公司承担。

第三节　空调系统清洁管理

一、空调系统

1. 空调系统的分类

随着空调技术的发展，空调系统的种类日益增多，常用的分类方法有按空气处理设备的设置情况分类、按处理空气的方式分类、按主风道风速分类、按风道设置分类以及按系统运行时间分类等，如图 8—16 所示。

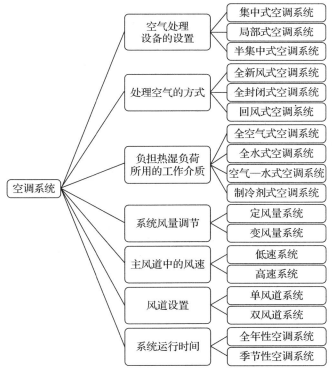

图 8—16　空调系统的分类

在众多的空调系统中，清洁服务对象主要为集中式空调系统。

2．集中式空调系统

集中式空调也称中央空调，集中式空调系统是将主要的空气处理及输送设备集中设置在空调机房内的空调系统。一般多为低速、单风道、定风量系统，它是最典型、应用最广泛的空调系统，工程上常见的集中式空调系统主要有直流式、一次回风式、二次回风式空调系统。

大型的公共场所，如体育馆、文化娱乐场所常用全空气式空调系统，其新风量占15% 左右。而一些宾馆客房、办公室使用风机盘管空调系统较为普遍。

集中式空调系统由空调主机系统、风系统、水系统、控制系统、冷却塔和空调房间组成，如图8—17 所示为空调系统运行示意图。

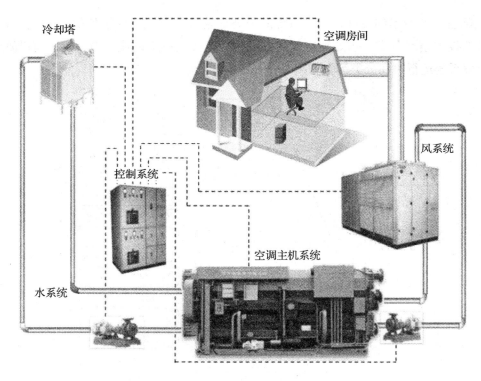

图 8—17 空调系统运行示意图

3．空调系统的污染

（1）空调系统内污染物。空调系统内污染物是指在空调系统内部生成或积聚的污染物。空调系统内污染物按性质可分为物理性污染物、化学性污染物和生物性污染物。

1）物理性污染物。物理性污染物包括新风管道内的微小沙砾、鸟的羽毛、树叶、颗粒物、玻璃纤维等，回风管道中引入室内空气中的粉尘、纤维、尘埃等，以及安装管道时留下的建筑垃圾、锈铁等。

通风管道内存在的物理性污染物聚集后会增加空调系统的阻力，造成风量不足。同时，污染物的存在还会造成细菌、真菌微生物的滋生。

2）化学性污染物。化学性污染物包括风系统中挥发性有机化学物（来自管材的涂料、黏合剂，也有来自空调系统内部生长繁殖的生物等）、一氧化碳、二氧化硫、氮氧化物等和水系统中循环水的钙镁离子、硫酸根、硅酸根等离子。

风系统中的一氧化碳是一种无色无味的气体，不易被人察觉。一旦吸入一氧化碳，会导致呼吸困难，进而发生中毒。二氧化硫是一种无色、有强烈刺激性气味的气体，对人体的直接危害是强烈刺激呼吸道、引起呼吸道疾病，严重时还会使人死亡。氮氧化物可对呼吸系统、中枢神经系统、心血管系统等产生危害。

水系统中的循环水经长时间运行后，造成主机换热器、水路管道、冷却塔填料出现结垢、金属腐蚀及微生物生长等很多问题。

3）生物性污染物。空调系统内的生物性污染物是指位于空调水系统、通风系统中的微生物。如水系统中的菌类（细菌、真菌、放射菌）、藻类等，以及通风系统中的细菌、真菌、螨虫、昆虫、动物残骸等。

生物性污染物的存在对人体健康会产生极大的危害。比如水系统的菌类可通过冷却塔（开放式环境）散布到周边的空气中，对塔周边居民的健康存在不利的影响。而风系统中管道内的生物性污染物会随送风进入室内空气，造成严重的室内空气污染。

（2）空调系统的污染部位

1）通风管道。空调风管中的微风速使得一些污染物容易聚集在其中，同时空调管道中的适宜温度和聚集的尘埃为生物提供了一个良好的生存环境。因此在空调风管里容易滋生一些微生物，如螨虫、真菌、细菌、病毒和昆虫。当空调系统启动时，由于受到送风机运行引起的震动作用，残留在管道中的灰尘和微生物会被气流卷起，以气溶胶的形式被气流携带到空调房间里，造成严重的室内空气污染。为了防止空调风管造成的室内空气污染，必须定期和及时地清洁空调管道。

2）冷却盘管。当空气过滤系统效率降低或维护清洁不善时，这种高湿的环境使进入冷却盘管的灰尘和微生物黏附在积聚于盘管表面的水滴上，然后进入排水管和凝水盘的积水中。灰尘为微生物提供了营养物质，加上潮湿的环境和适宜的温度，使得微生物能够大量繁殖。当空调机组中止运行时，随着机组温度的逐渐上升，更为微生物的迅速、大量繁殖创造了良好的温度环境。当机组再次启动时，大量繁殖的细菌、真菌等微生物，以及微生物大量繁殖时生成的气体与空气中的水滴一起分散成气溶胶，随送风气流进入空调房间，造成室内空气的微生物污染。

3）热交换盘管。热交换盘管中微生物生长繁殖的原因同上述冷却盘管类似。当空调通风系统启动时，室内粉尘浓度、细菌浓度和臭味反而增加。

4）新风口。新风口是空调系统采集新鲜空气的部位。新风口位置设置不当时，容易吸入高浓度的污染物。如果新风口在冷却塔附近，冷却塔生成的致病微生物气溶胶就可能由新风口进入空调风管系统，最终进入室内。这时的空调系统实际上成为污染物的传输渠道。

新风口设置的隔栅能够阻挡较大的污染物，如果没有隔栅会有更多的污染物，甚至会有一些动物进入空调通风系统。

5）过滤器。空气过滤器主要是通过物理阻断来滤去气流中的颗粒物。过滤器长期使用后，玻璃纤维可能脱落随送风进入空调房间。长期没有清洗过的过滤器会积累大量的灰尘，增加空调系统的阻力，造成风量不足。在积尘中的细菌、真菌等生物可利用灰尘中含有的有机物等营养物而长期生存甚至繁殖并穿过过滤器。如果过滤器发生破损，过滤器截留的积尘会以相当高的浓度随送风进入室内。

6）冷却塔。空调系统的冷却塔多建在室外，有充足的阳光与日照，这为藻类和其他生物（纤毛虫、线虫等）的生长创造了良好的温度和光照环境。同时，建在室外的冷却塔因为多与大气直接相通，空气中的各种污染物都有可能进入冷却塔内，被冷却水所吸附，来自空气中的污染物成为冷却塔中藻类、细菌等微生物的另一个营养源。因此，冷却塔是空调系统内部微生物（特别是军团菌）生长繁殖的重要场所。另外，冷却塔的水雾可散布几百米远，而由冷却塔引起的军团菌病散布的范围可能更远，可达 1.0 ~ 1.7 千米。可见，冷却塔不仅是空调系统内部重要的生物污染源，而且是生物性污染物传播源。

二、集中式空调风系统清洗服务

1. 国家及行业标准

风系统清洗服务国家及行业标准主要有如下几个：

（1）《空调通风系统清洗规范》（GB 19210—2003）。

（2）《公共场所集中空调通风系统卫生规范》（WS/T 394—2012）。

（3）《公共场所集中空调通风系统卫生学评价规范》（WS/T 395—2012）。

（4）《公共场所集中空调通风系统清洗消毒规范》（WS/T 396—2012）。

2．通风管道清洗服务标准

（1）前期准备工作

1）现场勘测。包括系统情况勘测和施工条件勘测。

系统情况勘测主要是了解空调系统使用时间、通风系统结构划分、新风机数量、日常维护情况、风管材质、风阀与风管安装情况、尺寸及风口安装情况。

施工条件勘测包括建筑面积、环境使用、电梯情况、装修情况、检修口情况、施工时间、噪声控制、安全要求、用电情况、空调系统施工图纸，并询问甲方人员有无特别要求。

现场勘测的目的是明确现场施工状况、环境、甲方要求，确定应与甲方协调的各项工作，对甲方需特殊保护的位置、物品进行记录。

现场勘测的内容包括通风系统清洗条件勘测、施工协调勘测和安全项目勘测。

2）制定清洗方案。制定清洗方案的目的是根据甲方要求、现场施工条件、有无有害物质（如石棉等）、国家标准、卫生部文件要求制定具体的施工方案。

清洗方案的内容主要包括工程概况、难点分析、清洗工艺流程、设备人员构成、施工进度安排、绘制施工图纸、编制施工单据等。

3）施工准备。施工准备的目的是根据清洗方案，对人员、设备、技术进行准备，达到可以进场施工的目的。

4）清洗施工现场交底。清洗施工现场交底的目的是按照施工方案，达到清洗质量标准。

（2）现场防护与隔离。对通风管道进行清洗时，应对清洗作业区进行隔离，在作业区与建筑物其他区域之间建立一个屏障，以减小作业区外空气中悬浮尘粒的增加和对其他区域交叉污染。

施工现场的隔离分两类进行，即一般情况的隔离和特殊情况的隔离，对于特殊区域，如厨房、餐厅、大堂，或者是甲方正在营业的时间内施工现场等，都可以称为特殊区域。

1）一般情况的隔离。一般情况的隔离应用于没有微生物污染物的民用、工业、商业、航运建筑物的通风系统清洗。一般情况的隔离应采取以下措施：

①施工场所和营业场所严格隔离，采用隔离布或者临时打起木墙作为分界线，并

171

在靠近客户的一面挂上醒目标志"正在施工，注意安全""施工给您带来不便，请多谅解"等字样。

②保护性覆盖，应对作业区进行干净的、保护性的覆盖。若有与灰尘接触后不易脱落或不宜擦拭的物品，则该物品应做密闭覆盖。覆盖物用干净的透明玻璃薄膜或彩条布。

③防护性换气。在保证通风管道开口处为负压的情况下，应对作业区所处的室内空间保持连续性的换气。

④设备保护。对真空吸尘装置和空气负压机的运输和存放进行保护。所有从室内进入通风系统的工具、设备及部件应进行湿式擦拭，并用装有高效空气过滤器的吸尘器清洗。

2）特殊情况的隔离。特殊情况的隔离应用于存在微生物污染或严重危害物的各类建筑，尤其是卫生保健建筑通风系统的清洗。特殊情况的隔离应采取一般情况的隔离措施外，还应采取以下措施：

①保护性覆盖。应对超出作业区的室内地板、设备和家具进行覆盖。

②作业区隔离。应对作业区的地板、四周及顶棚采用 0.15 毫米防火聚乙烯或它的替代物进行隔离，隔离物的衔接处应严格密封。

③负压。隔离区域应保持适当的负压。负压应尽可能地阻止尘粒扩散出隔离区。负压装置排出的气体应经过高效空气过滤器过滤。若负压装置不是直接排出室外，应确认高效空气过滤器的可靠性。

④隔离拆卸。在移动或拆卸隔离物之前，应对其内表面进行湿式擦拭或用高效空气过滤真空装置清扫。

（3）通风管道的清洗。通风管道清洗包括作业准备、风管附件的拆卸、清洗、开孔、清洗效果检验以及污染物处理。

1）作业准备。进入清洗区域前，准备好水、电、照明等，清洗人员必须依次穿戴口罩、帽子、防护服、护目镜、胶鞋和手套等防护用品，高处作业必须系好安全带，并做好防护隔离措施。同时，用防尘布做好施工下部的防护，以免造成污染。

2）风管附件的拆卸。风管附件的拆卸包括拆卸风管内附件和拆卸风管外附件（如风口、散流器等），附件拆卸后，仔细标记和记录，分类存放。

3）清洗。通风管道的清洗方法主要有接触式负压清洗法、扬尘循环式清洗法和气锤、气鞭扬尘清洗方法等。

①接触式负压清洗法。采用接触式负压清洗法，无须封堵和现场防护，能一次完成清洗和吸尘的清扫工作，如图 8—18 所示。

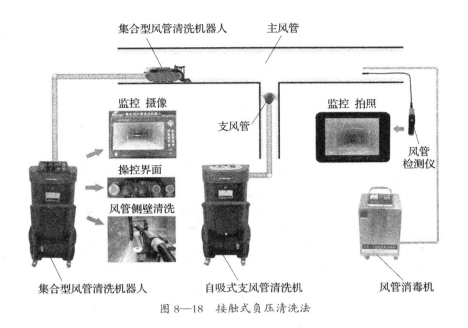

图 8—18　接触式负压清洗法

这种清洗方法具有清洗效率高、使用方便、操作灵活、吸尘干净、性能稳定、作业可控性强等特点，适用于中小型矩形通风管道，特别适合于医院、办公楼、宾馆、学校、商场、超市等公共场所的通风管道清洗。

173

②扬尘循环式清洗法。采用扬尘循环式清洗法，无须封堵和现场防护，能一次性完成清洗和吸尘的清扫工作，如图 8—19 所示。

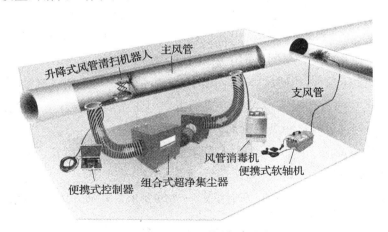

图 8—19　扬尘循环式清洗法

这种清洗方法具有清洗效率高、健康环保、适合各类管型等特点，适用于大中型矩形、圆形通风管道，特别适合于工业、企业、会场展馆等场所的通风管道清洗。

③气锤、气鞭扬尘清洗法。用高压空气鞭头（气锤）与半刚性气管（气鞭）连接，由人工操作送入风管。高压空气鞭头（气锤）为"吹打"型，高压空气自鞭头（气锤）喷射口喷出，并带动半刚性气管（气鞭）对风管内壁进行鞭打震动，形成所谓的"气鞭"。在高压空气喷出时将鞭头（气锤）和半刚性气管（气鞭）在风管内壁高速"吹打"污物，达到清洗目的，如图8—20所示。这种清洗方法成本较低，设备简单，重量轻，主要用于非铁皮材质风管的清洗。但在清洗的过程中容易造成二次污染，且清洗效率低。

图8—20 气锤、气鞭扬尘清洗法

4）开孔。通风管道有检修口的，使用工具打开检修口进行通风管道清洗；如无检修口或检修口因特殊情况不能打开的，则另行开孔清洗。

5）清洗效果检验

①清洗后对通风管道清洗部分摄像，检查效果。

②对捕集装置收集的尘渣称重检验。

③对清洗时间、地点、项目、部位、方式、结果等进行记录。

6）污染物处理。整理调试清洗设备，移动到下一清洗区，继续清洗。收集地面和物品表面的污染物并分类，再同类别垃圾集中处理。

（4）通风管道的消毒。通风管道应先清洗，后消毒。可采用臭氧消毒设备进行消毒、也可采用化学消毒剂喷雾或擦拭方式消毒。对于金属管壁首选季铵盐类消毒剂，而非金属管壁则首选过氧化物类消毒剂。

（5）通风管道清洗的验收。通风管道清洗的验收是根据通风管道的清洗标准进行质量检验和竣工验收的。

1）风管清洗消毒后清洗标准应达到表8—4的要求，并通知甲方据此进行验收。

表8—4　　　　　　　通风管道的清洗标准

验收项目	清洗标准
积尘量	$\leq 1.0 \text{ g/m}^2$
致病微生物	不得检出
细菌总数	$\leq 100 \text{ CFU/m}^2$
真菌总数	$\leq 100 \text{ CFU/m}^2$

如果清洗的场所属于公共场所，应通知当地具有卫生学评价资质的疾控部门参与验收。

2）质量检验。通风管道的清洗采用阶段检验、工序检验的原则进行质量检验，以确保清洗质量。检验的内容包括风管清洗质量检查、风口清洗质量、机组及末端清洗质量等。

参与质量检验的人员包括质检员、领班、项目负责人以及甲方质量管理人员等。

3）竣工验收。竣工验收要配合甲方对整个工程进行检验，并将工程中的相关资料总结后交给甲方，总结工程中发现的问题，为甲方提供今后空调管理的改进意见。

竣工验收需提交竣工报告，内容包括施工情况、检测结果、清洗人员组织机构、现场施工图片、总结与建议等。

参与竣工验收的人员有项目经理、主要技术管理人员以及甲方工程负责人等。

3．通风系统常用清洗消毒专业设备

（1）升降式风管清扫机器人（见图8—21）。圆刷式、滚刷式分别用于水平方向大中型圆形和矩形风管清扫浮尘、非油性积尘等多种污垢。

a）   b）

图8—21　升降式风管清扫机器人

a）圆刷式　b）滚刷式

（2）升降式竖直型风管清扫机器人（见图8—22）。主要用于竖直方向大中型矩形铁皮风管清扫浮尘、非油性积尘等多种污垢。

（3）气锤、气鞭风管清扫机器人（见图8—23）。适用于各类非铁皮风管的清扫。

（4）集合型风管清洗机器人（见图8—24）。主要用于医院、办公楼、宾馆场所水平方向中小型矩形风管清除浮尘、非油性积尘等多种污垢。

（5）便携式软轴机（见图8—25）。广泛应用于各类小型通风管道的清洗。

（6）自吸式支风管清洗机（见图8—26）。主要用于各类分支小通风管道的清洗。

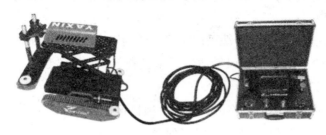

图8—22　升降式竖直型风管清扫机器人

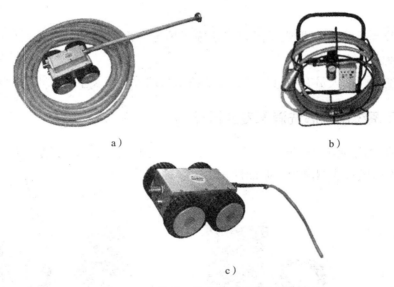

a）

b）

c）

图8—23　气锤、气鞭风管清扫机器人

a）气锤风管清扫机器人　b）手持气锤清洗机　c）气鞭风管清扫机器人

图8—24　集合型风管清洗机器人　　　　图8—25　便携式软轴机

（7）风管开孔器（见图8—27）。用于通风管道开孔，方便检测和清洗设备的放入。

（8）风管消毒机（见图8—28）。广泛应用于各类大型通风管道清洗后需要消毒的场所。

图8—26　自吸式支风管清洗机　　　图8—27　风管开孔器　　　图8—28　风管消毒机

三、集中式空调水系统清洗服务

1. 国家及行业标准

水系统清洗服务国家及行业标准如下：

（1）《工业循环冷却水处理设计规范》（GB 50050—2007）。

（2）《冷却水系统化学清洗、预膜处理技术规则》（HG/T 3778—2005）。

（3）《工业设备化学清洗质量标准》（HG/T 2387—2007）。

2. 主机的清洗方法

集中式空调主机的清洗方法有物理清洗法和化学清洗法两种。

物理清洗法是使用刷子、高压水枪等专用设备对主机进行清洗，适合于水走管程的泥沙及锈垢堵塞较严重的设备。

化学清洗法是利用清洁剂对主机进行循环清洗，适合于水质较差有结垢和锈蚀的设备。例如，主机内换热器表面附着的致密的水垢需要通过清洁剂进行溶解清理，清洗前后的主机换热器内壁如图8—29所示。

物理清洗和化学清洗并非一定是独立的清洗方式，两者在实际清洗过程中可交替进行。如堵塞严重的主机设备在化学清洗前必须先进行物理通炮，经过物理通炮清理后，再进行化学溶垢循环清洗。

177

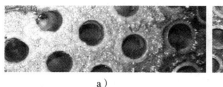

a)　　　　　　　　　　　　　　b)

图8—29　化学清洗法清洗效果

a）清洗前　b）清洗后

3. 水系统清洗设备

水系统清洗设备最主要的就是通炮机。通炮机通过软轴带动清扫刷螺旋推进，一边清扫，一边通过机内水泵注入喷洒药剂，去除管道内壁污渍，如图8—30所示。通炮机具有操作便捷、性能稳定、作业可控性强等特点，针对各种规格大量主机管道的清洗效率极高。

4. 水系统清洗消毒药剂

为解决中央空调运行中产生的结垢、腐蚀、微生物生长等问题，对水系统投加水处理药剂，是目前最为经济有效的处理方法。

（1）水系统杀菌灭藻消毒处理及使用的药剂。对水系统进行杀菌灭藻，常用的药剂是杀菌灭藻剂。

（2）控制水系统中水垢、污泥、腐蚀产物等沉积物的药剂。

1）结垢控制药剂。目前，常用的各种阻垢剂如有机多元磷酸、有机磷酸酯、磷羧酸、聚羧酸、聚丙烯酸盐等。

图8—30　通炮机

2）污垢控制药剂。常见的分散剂有聚丙烯酸、聚甲基丙烯酸、聚天冬氨酸等。

3）金属腐蚀控制药剂。常用的缓蚀剂有铬酸盐、硅酸盐、锌盐、有机磷酸、唑类等。

第四节　高处（高空）清洁作业管理

一、高处作业的分级与分类

高处作业也称高空作业，是指人在一定高度位置所进行的作业。国家标准《高处作业分级》（GB 3608—2008）规定，从作业位置到最低坠落着落点的水平面称为坠落高度基准面。凡在坠落高度基准面在 2 米以上（含 2 米）有可能坠落的高处进行的作业，均称为高处作业。

根据这一规定，在清洁服务中涉及的高处作业范围是相当广泛的，无论清洁作业的位置是在多层、高层或是平地，都有可能处于高处作业的场合。如建筑物外墙面、烟囱及烟道的清洁作业等。对于建筑物内部的清洁作业，凡在距离地面 2 米以上进行的操作都属于高处作业，如建筑物内墙、大堂顶面、天花板、大型吊灯等。

1. 高处作业的分级

根据国家标准《高处作业分级》（GB 3608—2008）规定，高处作业按照作业点可能坠落的坠落高度划分，可分为四个级别，见表 8—5。

表 8—5 　　　　　　　　　　　　高处作业的级别

级别	坠落高度	坠落范围半径
一级高处作业	2 ～ 5 米	2 米
二级高处作业	5 ～ 15 米	3 米
三级高处作业	15 ～ 30 米	4 米
特级高处作业	> 30 米	5 米

表 8—5 表明，在高处作业时，由于不是所有的坠落都是沿垂直方向笔直地下坠，因此存在一个可能坠落范围的半径。坠落范围半径随着坠落高度的不同而不同。

2. 高处作业的分类

按照高处作业的环境条件如气象、电源、突发情况等，高处作业可分为一般高处作业和特殊高处作业。

（1）一般高处作业。指的是正常作业环境下的各项高处作业。

（2）特殊高处作业。特殊高处作业是在危险性较大、较复杂的环境下进行的高处作业，又可分为以下八类：

1）强风高处作业。在阵风风力 6 级（风速 10.8 米 / 秒）以上的情况下进行的高处作业。

2）异温高处作业。在高温或低温环境下进行的高处作业。

3）雪天高处作业。降雪时进行的高处作业。

4）雨天高处作业。降雨时进行的高处作业。

5）夜间高处作业。室外完全采用人工照明时进行的高处作业。

6）带电高处作业。在接近或接触带电体条件下进行的高处作业。

7）悬空高处作业。在无立足点或无可靠立足点条件下进行的高处作业。

8）抢救高处作业。对突发的各种灾害事故进行抢救的高处作业。

建筑物内墙、大堂顶面、天花板、大型吊灯等距离地面2米以上进行的高处清洁作业属于一般高处作业，而建筑物外墙的高处清洁作业则属于特殊高处作业中的悬空高处作业。

二、外墙清洁方式

建筑物的外墙常年经历风吹日晒雨淋，被空气中的灰尘附着表面，承受自然侵蚀，造成了建筑物表面材料老化，失去光泽，易受污染。对外墙材料进行自上而下的高处清洗，其目的是在不损坏建筑物表面材质的前提下，利用清洁剂和工具去除外墙上的污物，使得外墙美观、干净、环保、安全，并对外墙起到一定的保护作用，可使大楼外墙装饰材料寿命得以延长。

对于2米以下的外墙清洁，通常直接由清洗人员使用伸缩杆、高压清洗机等清洁工具和设备以常规清洁作业的方式来完成。

对于2米以上的外墙清洁，根据建筑物的外形结构、使用的设备以及清洁作业时所处的部位，目前外墙高处清洁的方式主要有悬空清洁作业和登高清洁作业。

1. 悬空清洁作业

在清洗服务现场，悬空清洁作业是指在周边临空的状态下，无立足点或无可靠立足点的条件下进行的高处作业。

在清洗服务之前，需要从建筑物的顶部沿立面用钢丝绳悬挂相应的工具或设备，搭载清洗人员及其所用清洁工具到达作业处才能完成外墙高处清洁作业。这种作业方式比较简单，成本也低，但极易受环境和气候的影响，难度较高，危险性较大。

一般来说，悬空清洁作业常用的工具或设备有座板式单人吊具、高处作业吊篮、擦窗机等。

（1）座板式单人吊具。座板式单人吊具是单人使用的、有防坠落功能的无动力载人工具，由挂点装置、悬吊下降系统和坠落保护系统组成。通过清洗人员操作工作绳，沿着建筑物立面向下坠滑，将清洗人员送到指定位置进行清洁作业，是我国常用的一种悬空清洁作业工具，如图8—31所示。

图 8—31　座板式单人吊具

这种方式比较简单，成本也低，广泛用于外墙清洁、喷刷涂料、外墙堵漏、高处安装等。

国家标准《座板式单人吊具悬吊作业安全技术规范》（GB 23525—2009）规定了座板式单人吊具的设计原则、技术要求、测试方法、安全规程及悬吊作业安全管理等要求，在清洁服务中座板式单人吊具的安全操作规程如下：

1）建筑物顶部必须有工作绳和安全绳的固定处。

2）绳索固定处和作业点正下方地面处必须设现场监护人员，清洁现场必须设专职安全员，并且安全员在整个清洁作业的过程中不得擅自离开岗位。

3）高处清洗人员在清洗作业前，应先检查安全装置是否灵敏有效，随身佩戴的安全设施是否完好（包括安全帽、安全带和安全绳等）。

4）严禁穿硬底鞋和带钉易滑的鞋进行清洁作业。

（2）高处作业吊篮。高处作业吊篮是一种暂设式悬挂设备，其悬挂机构架设于建筑物上部，提升机驱动悬吊平台，钢丝绳沿立面上下运动，从而带动悬吊平台上升或者下降，如图8—32所示。

高处作业吊篮主要由悬挂机构，悬吊平台、提升机、钢丝绳、控制装置和安全保护装置等组成，一般用于建筑物或构筑物外部施工、安装、装饰、维修、清洁等作业，作业高度较大，清洗效率较高，清洗人员的安全性也较高。

图 8—32　高处作业吊篮

根据国家标准《高处作业吊篮》（GB 19155—2003）规范了高处作业吊篮的技术要求、检查、操作和维护等，在清洁服务中高处作业吊篮的安全操作规程如下：

1）清洗人员必须戴安全帽，系安全带，安全带系在安全绳上，没有安全措施绝对不能上岗操作。

2）严禁在夜间进行高空清洁作业。

3）在高处清洁作业时，吊篮下严禁人员做其他作业。

4）严禁超载作业，吊篮上的清洗人员和材料要对称分布，以避免因偏重发生倾斜。

5）严格遵守操作规程和安全规范。清洗中发现吊篮出现异常情况时，应立即停机操作并切断电源，由设备维修人员进行检查和维修。

6）每天清洁作业完成后，必须将吊篮降至地面，并将吊篮清扫干净。

（3）擦窗机。擦窗机是一种常设式悬吊接近设备，用于建筑物或构筑物的窗户和外墙清洁维修等作业，如图 8—33 所示。随着高层建筑的不断增多，擦窗机的应用也日益广泛。

图 8—33 擦窗机

国家标准《座板式单人吊具悬吊作业安全技术规范》（GB 23525—2009）规定了擦窗机的技术要求、检查、维护和操作等，在清洁服务中擦窗机的安全操作规程如下：

1）清洗人员必须戴安全帽、系好安全带，方可进行清洁作业，且只能在安全停放的状态下，才能进出擦窗机。

2）在清洗过程时，严禁将其他附属物附加在擦窗机吊臂上。

3）擦窗机严禁超载作业，载荷应大致均布，以避免发生倾斜危险。

4）清洗完毕，应将擦窗机停放在停放点，将吊臂用钢丝绳固定并关掉功能开关，关闭主电源。

2. 登高清洁作业

在清洗服务现场，登高清洁作业是指借助于登高工具或设施，在攀登条件下进行的高处作业。由于清洗人员在高空中处于不断的移位活动状态，所以登高清洁作业有很大的危险性。

常用的工具或设备有快装脚手架、升降机等。

（1）快装脚手架。脚手架是指在清洁现场为清洗人员清洁作业而搭建的各种支架，如图 8—34 所示。在清洁完毕之后，再将脚手架拆除。

图 8—34　脚手架清洁

由于搭建和拆除脚手架的时间较长，需要的辅助材料较多，因此清洁的成本较高，效率较低，且存在许多不安全因素。目前，快装脚手架很少在外墙清洁作业中采用。

根据国家标准《建筑施工门式钢管脚手架安全技术规范》（JGJ 128—2010），使用脚手架的注意事项如下：

1）搭拆脚手架时，必须设置警戒线、警戒标志，并应派专人看守，严禁非清洗人员入内。

2）脚手架外侧应设置密目式安全网，网间应严密，防止坠物伤人。

（2）升降机。升降机是一种在垂直通道上将清洗人员和工具运送到指定位置进行作业的提升设备，具有升降平稳的特点，高处作业更安全、更方便，如图8—35所示。

根据国家标准《施工升降机安全规程》（GB 10055—2007），使用升降机的注意事项如下：

1）在清洗作业之前，检查升降机工作台上的护栏结构是否完好、牢固，无误后方可使用。

2）在工作台升降的过程中，注意升降机上部和附近设施，防止升降机撞击其他设施或清洗人员。

3）不可将梯子或木高凳靠放在工作台上使用，不可爬、坐或站在工作台的护栏上作业。

4）清洗人员在工作台的护栏内操作，不要将身体重心置于护栏以外。

图8—35　升降机清洁

5）在升降机上作业必须小心谨慎，防止清洁工具掉落砸伤其他人员或砸坏物品。

三、外墙装饰材料的清洁方法

高层建筑的外墙面大多采用各种材质的建筑材料进行装饰，如建造各种幕墙、粘贴各种墙砖、瓷砖、铝合金、不锈钢或喷涂涂料、油漆等。

外墙面装饰的形式主要有两种：一种是多种材料组合装饰，如花岗岩、铝合金板与玻璃的组合，不锈钢与玻璃的组合，铝合金板与玻璃的组合，涂料与玻璃的组合等；另一种是纯玻璃幕墙装饰，包括金属框架构件全部不显露在外面的隐框玻璃幕墙和由玻璃板与玻璃肋制作的全玻璃幕墙。

为保持外墙面的清洁、美观，应定期对外墙进行清洁，且清洗后应达到色泽光亮、鲜明，无灰尘覆盖的感觉。

1. 玻璃幕墙的清洁

（1）清洁程序

1）用铲刀等相应辅助工具或溶剂除去玻璃上附着的顽固污垢。

2）用涂水器将清洁剂均匀涂抹在玻璃上。

3）用刮水器将涂抹在玻璃上的清洁剂刮净。

4）用抹布将玻璃幕墙与金属结构框之间的缝隙、玻璃幕墙拼接处的密封胶缝擦净。

（2）清洁标准

1）玻璃幕墙清洁后干净明亮，无灰尘、污垢、污渍、水渍、手印等其他印迹。

2）玻璃幕墙与金属结构框之间的缝隙不得有污垢存在。

3）玻璃幕墙拼接处的密封胶缝表面应无污垢。

2．瓷砖外墙的清洁

（1）清洁程序

1）用高压清洗机冲洗外墙面，出去浮尘。

2）用溶剂除去外墙面上附着的顽固污垢。

3）用滚筒刷将清洁剂均匀涂抹在外墙面上，用力来回滚动擦拭，使瓷砖表面的污垢润湿、脱离。

4）用板刷或其他辅助工具擦洗瓷砖外墙。

5）用高压清洗机再次对擦洗后的外墙面进行冲洗，直至墙面滴淌清水为止。

6）将地面污水冲洗干净，并清理现场。

（2）清洁标准。瓷砖外墙清洗后清洁干净，无灰尘、无可去除污染物。

3．石材外墙的清洁

（1）光面石材（花岗岩）

1）清洁程序

①用滚筒刷将清洁剂均匀涂抹在外墙面上，用力来回滚动擦拭，使石材表面的污垢润湿、脱离。

②用抹布等相应辅助工具除去外墙面上附着的顽固污垢。

③用刮水器将涂抹在外墙面上的清洁剂刮净。

④用毛巾将石材最底部的水渍擦拭干净，并清理现场。

2）清洁标准。光面石材外墙清洗后清洁干净、无灰尘、光洁明亮。

（2）毛面石材（花岗岩）

1）清洁程序

①用高压清洗机冲洗外墙面，去除表面的浮尘。

②用滚筒刷将清洁剂均匀涂抹在外墙面上。

③用板刷或其他相应辅助工具擦洗外墙，使石材孔隙中的污垢脱离。

④用高压清洗机再次对擦洗后的外墙面进行冲洗，直至墙面滴淌清水为止。

⑤将地面污水冲洗干净，并清理现场。

2）清洁标准。毛面石材外墙清洗后清洁干净，无灰尘、无可去除污染物。

4．铝合金外墙的清洁

（1）清洁程序

1）用涂水器或滚筒刷将清洁剂均匀涂抹在铝合金外墙上并用力擦拭，使铝合金表面的污垢润湿、脱离。

2）用抹布等相应辅助工具或溶剂除去外墙面上附着的顽固污垢。

3）用刮水器将涂抹在铝合金上的清洁剂刮净。

4）用抹布将胶缝擦干净。

（2）清洁标准。铝合金外墙清洗后清洁干净，无灰尘、无可去除污染物。

5．不锈钢外墙的清洁

（1）清洁程序

1）用涂水器或滚筒刷将清洁剂均匀涂抹在不锈钢外墙上并用力擦拭，使不锈钢表面的污垢润湿、脱离。

2）用抹布等相应辅助工具或溶剂除去外墙面上附着的顽固污垢。

3）用刮水器将涂抹在不锈钢上的清洁剂刮净。

4）用抹布将胶缝和流下的水渍擦拭干净。

（2）清洁标准。不锈钢外墙清洗后干净光亮，无灰尘、无可去除污染物。

四、外墙清洁常用清洁剂

1．玻璃清洁剂

玻璃清洁剂具有无毒无害，快干、不留水痕等特性，能够有效清除玻璃上的污垢、油脂、烟渍、手印。

在使用玻璃清洁剂的时候，应根据外墙表面污垢的程度，稀释后喷洒在外墙表面，再用清洁玻璃工具清洗涂抹后刮净。

2．幕墙专用清洗液

幕墙专用清洗液不含溶剂、不伤皮肤、不污染环境，具有易干燥、不留水痕等特点。用于各种建筑物的玻璃幕墙、镀膜玻璃、防辐射玻璃、镜面金属表面等。清洗之后，在玻璃表面会形成一层光亮保护膜，对玻璃表面具有隔离灰尘的作用并增加光泽度。

使用时根据镀膜玻璃表面的污垢程度，将幕墙专用清洗液按说明兑水稀释后使用。

3．瓷砖清洁剂

瓷砖清洁剂是一种使用于瓷砖表面去污的高效清洁剂，具有去污力强、无腐蚀、无污染等特性。瓷砖清洁剂内含多种表面活性剂及光亮剂，清洗之后，在瓷砖表面会留存一层光亮保护膜，既阻碍了污垢的形成，还保护了瓷砖的釉面。

使用时根据表面的污垢程度，将瓷砖清洁剂按说明兑水稀释后使用。

4．中性石材清洗液

中性石材清洗液是各种石材清洁保养的专业清洁剂，具有去污力强等特性。使用时根据表面污垢的程度，将中性石材清洗液按说明兑水稀释后，直接用于石材表面。

5．中性全能清洁剂

中性全能清洁剂去污力强，无任何腐蚀性。使用时根据表面污垢的程度，将中性全能清洁剂按说明兑水稀释后，直接用于铝合金表面。

6．中性不锈钢清洁剂

中性不锈钢清洁剂对不锈钢无腐蚀，能快速清除不锈钢表面污垢。使用时根据表面污垢的程度，将中性全能清洁剂按说明兑水稀释后，直接用于不锈钢表面。

五、外墙清洁安全管理

1．外墙清洁的条件

外墙清洁必须满足气候条件、人员条件和设备条件。

（1）气候条件。外墙清洁必须要在良好的气候条件下进行。

1）风力应小于 4 级，4 级以上必须停止外墙清洁作业。

2）大雾、雨雪、雷电、能见度差以及 35℃以上的高温、0℃以下的低温等恶劣条件下禁止进行外墙清洁。

（2）人员条件

1）高处清洗人员必须具备国家规定的基本条件。根据国家安全生产监督管理总局 2010 年发布的《特种作业人员安全技术培训考核管理规定》，高处清洗人员必须具备以下条件：

◆ 年满 18 周岁，且不超过国家法定退休年龄。

◆ 经社区或者县级以上医疗机构体检健康合格，并无妨碍从事相应特种作业的器质性心脏病、癫痫病、美尼尔氏症、眩晕症、癔病、震颤麻痹症、精神病、痴呆症以及其他疾病和生理缺陷。

◆ 具有初中及以上文化程度。

◆ 具备必要的安全技术知识与技能。

◆ 相应特种作业规定的其他条件。

2）高处清洗人员必须持证上岗。清洗人员必须经过三级安全教育，必须经专门的安全技术培训并考核合格，取得《中华人民共和国特种作业操作证》后，方可上岗从事高处清洁作业。

3）高处清洗人员生病、酒后、过度疲劳或情绪异常时，必须暂停高处清洁作业。

4）高处清洗人员必须定期进行体检，合格后方可进行高处清洁作业。凡出现健康问题的清洗人员，不得继续从事高处清洁作业。

（3）设备条件。外墙清洁的设备必须处于良好的状态。清洁作业前一定要先检验设备是否完好无损，发现有缺陷和隐患时，必须及时解决。当危及人身安全时，必须停止清洁作业。

2．外墙清洁安全操作规程

（1）清洁前的准备阶段

1）勘查清洁作业现场，确定外墙清洁的作业方案。包括确认墙面装饰材料的材质，墙面污染的程度，准备相应的清洁工具、设备和清洁剂等。

2）做好清洗作业现场的安全监护工作，在清洁作业区的周围必须设置安全警示标志，摆放"高空工作"提示牌（见图 8—36），拉好警戒带，无关人员禁止入内。

图 8—36 "高空工作"提示牌

3）做好清洗作业现场的安全检查工作，检查清洗人员及其安全设施、清洁工具及设备的安全性等，一旦发现不符合安全要求时，必须立即采取相应的措施进行整改和完善，直至安全检查合格之后方可开始高处清洁作业。

（2）清洁作业阶段

1）外墙清洁作业中，清洁作业面上方、下方必须派专人值守，负责清洗人员的安全保护和巡视、疏导，并劝阻他人进入作业现场。

2）在高处清洁作业过程中，清洗人员不得将杂物或清洁工具等物品随意丢弃或向下抛掷，以免砸伤行人、损坏地面设备设施及车辆等。

3）使用座板式单人吊具时，应戴安全帽，系好安全带以及使用人身安全绳。

4）使用擦窗机时，天台必须派专人值守，及时调整电源线。机器出现故障时，应立即通知甲方进行维修。

（3）清洁作业结束阶段

1）全部作业完成之后，收拾整理设备和工具，撤去地面警戒带和提示牌，将地面的水渍擦净。

2）进行设备和工具进行清洁保养，清除灰尘和污垢后，再放进仓库。

3）做好当班工作记录，并经安监员和领班签字确认。

3. 高处坠落事故的综合防控

高处坠落事故在外墙清洁作业中危险性较大，减少和避免高处坠落事故的发生，是降低伤亡事故的关键。对高处坠落事故的综合防控是在分析高处坠落事故的类型和原因的基础上而提出的。

（1）高处坠落事故的主要类型。根据外墙的清洁方式，高处作业坠落事故的主要类型有悬空作业高处坠落事故和登高作业高处坠落事故。

高处坠落事故的情况有很多，主要有以下几种：

1）因被蹬踏物材质强度不够，突然断裂。

2）高处作业移动位置时，踏空、失稳。

3）高处作业时，由于站位不当或操作失误被移动的物体碰撞坠落等。

（2）高处坠落事故的主要原因。高处坠落事故的主要原因包括人的因素和物的因素两个主要方面。

1）人的不安全行为。主要表现为存在违章指挥、违章作业、违反劳动纪律的"三违"行为，清洗人员操作失误、注意力不集中等。

2）物的不安全状态。安全防护设施的材质强度不够、安装不良、磨损老化等，安全防护设施不合格、装置失灵，劳动防护用品缺陷等。

（3）高处坠落事故的综合防控。企业必须建立健全安全生产责任制，制定相应的规章制度并严格执行，将高处坠落事故列为安全技术措施的重要内容进行综合防控。

高处坠落事故的综合防控就是对事故进行综合预防和控制，主要有如下几个要点：

1）加强安全教育和安全技术培训。对高处作业人员要坚持开展经常性安全教育和安全技术培训，使其认识、掌握高处坠落事故规律和事故危害，牢固树立安全思想和具有预防、控制事故能力，并要做到严格执行安全法规，当发现自身或他人有违章作业的异常行为，或发现与高处作业相关的物体和防护措施有异常状态时，要及时加以改变使之达到安全要求，从而预防、控制高处坠落事故的发生。

2）严格管理高处作业人员。高处作业人员必须具备高处作业的基本条件。对疲劳过度、精神不振和情绪低落的作业人员要停止高处作业，严禁酒后从事高处作业。

高处作业人员的个人着装要符合安全要求。如根据实际需要配备安全帽、安全带和有关劳动保护用品。

3）严格管理高处作业设备。悬挂清洁作业所用的设备必须经过检查论证方可使用。

登高清洁作业前，必须检查登高设备的状态。

第五节　公共卫生消毒管理

一、公共场所的类型及特点

公共场所是指人群经常聚集、供公众使用或服务于人民大众的活动场所，是人们生活中不可缺少的组成部分，是反映一个国家、民族物质条件和精神文明的窗口。

1. 公共场所的类型

根据国务院 1987 年 4 月 1 日发布的《公共场所卫生管理条例》，依法进行卫生监督的公共场所共分为七类：

（1）住宿与交际场所。包括宾馆、饭馆、旅馆、招待所、车马店、咖啡馆、酒吧、茶座。

（2）洗浴与美容场所。包括公共浴室、理发馆、美容院。

（3）文化娱乐场所。包括影剧院、录像厅（室）、游艺厅（室）、舞厅、音乐厅。

（4）体育与游乐场所。包括体育场（馆）、游泳场（馆）、公园。

（5）文化交流场所。包括展览馆、博物馆、美术馆、图书馆。

（6）购物场所。包括商场（店）、超市、书店。

（7）就诊与交通场所。包括候诊室、候车（机、船）室、公共交通工具（汽车、火车、飞机和轮船）。

2．公共场所的特点

（1）人口相对集中，相互接触频繁，流动性大。

（2）设备物品供公众重复使用，容易被污染。

（3）健康与非健康个体混杂，容易造成疾病，特别是传染病的传播。

（4）从业人员素质参差不齐，流动性较大。

二、公共卫生及公共卫生事件

公共卫生是关系到一个国家或一个地区人民大众健康的公共事业。

公共卫生的内容包括对重大疾病尤其是传染病的预防、监控和医治，对食品、药品、公共环境卫生的监督管制以及相关的卫生宣传、健康教育、免疫接种等。

1．公共场所基本卫生要求

无论何种类型的公共场所，首先应保证使用者的健康，防止疾病的传播，以实现人们丰富生活内容、提高生活质量的美好愿望。

在《公共场所卫生管理条例》中，对公共场所规定了如下基本卫生要求：

（1）室内空气流通，空气质量应当符合国家卫生标准和要求。

（2）微小气候（湿度、温度、风速）适宜。

（3）采光照明良好。

（4）噪声符合标准。

（5）用具和卫生设施符合卫生标准。

191

2. 公共卫生事件

公共卫生事件是指已经发生或者可能发生的、对公众健康造成或者可能造成重大损失的事件。主要包括传染病疫情、群体性不明原因疾病、食品安全和职业危害、动物疫情，以及其他严重影响公众健康和生命安全的事件。

2006 年 1 月 8 日发布实施的《国家突发公共事件总体应急预案》中，突发公共卫生事件按照其性质、严重程度、可控性和影响范围等因素，分为特别重大（Ⅰ级）、重大（Ⅱ级）、较大（Ⅲ级）和一般（Ⅳ级）四级。

三、清洁服务现场的消毒方法

消毒指的是杀灭或清除传播媒介（如空气、物体表面、手等）上的病原微生物，使其达到无害化的处理。

在清洁服务中，消毒工作是改善卫生状况、预防疾病发生与流行的有力保证，必须引起足够的重视。

消毒可切断致病菌的传播途径，但绝不是唯一的措施，必须与其他预防手段相结合。消毒后能否达到目的，取决于清洗人员的责任感，对消毒目的、原理的认识及能否熟练地掌握消毒技术。

清洁服务现场常用的消毒方法有物理消毒法和化学消毒法两种。

1. 物理消毒法

物理消毒法是利用物理学的方法作用于病原微生物，将其杀灭或清除。常用的物理消毒法有热力消毒法和辐射消毒法。

（1）热力消毒法。热力消毒法包括湿热消毒法和干热消毒法。

1）湿热消毒法。湿热消毒法是通过高温和高湿使菌体的蛋白质凝固而致微生物死亡，常用的湿热消毒法有煮沸消毒和蒸汽消毒。

煮沸消毒是一种简便、易行、效果可靠的消毒方法。这种方法不需要特殊设备，可在煮沸锅中进行，适用于耐湿、耐高温的物品，如金属、玻璃、毛巾、抹布等物品的消毒。采用煮沸消毒法时应注意，消毒时间要从水沸后计算，连续煮沸 5 ～ 10 分钟。消毒进行中切勿再加入新物品，并且要使消毒物品全部浸入水中；对不透水的物品，如盘、碗等应垂直放置，以利沸水对流。摆放的物品量不可超过容器容量的四分之三。

蒸汽消毒大多数是利用锅炉、煤气为热源，最简单的设备是蒸笼或蒸箱。把消毒的物品放置上述容器内，产生蒸汽后，经20～30分钟便可杀灭或消除多数微生物，适用于茶具、毛巾、浴巾等消毒。

2）干热消毒法。干热消毒法是通过氧化，破坏细胞原生质，使微生物死亡。在干热处理下，只要有足够的温度和时间均可杀灭微生物。但微生物对干热的耐受力比湿热的强得多。干热的热力靠空气对流与介质的传导，远不如湿热处理快。干热消毒法具有效果可靠、保持物品干燥等优点。但消毒的时间较长，一般适用于可耐高温、不耐湿热处理的物品。

常用的干热消毒法有灼烧法、焚烧法、干烤法和红外线法。

目前，服务行业选用的干热消毒设备大多以烤箱和红外线消毒器为主。

需要注意的是，干热消毒须严格掌握时间，应从达到所要求的温度后开始计时。

（2）辐射消毒法。辐射消毒法包括紫外线消毒法和日光照射消毒法等。

1）紫外线消毒法。紫外线消毒法并不是杀死微生物，而是去掉其繁殖能力进行灭活。微生物被紫外线照射后，可引起细胞内的有关成分，特别是核酸、原浆蛋白酶的化学变化而致死。紫外线消毒法常用于空气与物品表面的消毒。

2）日光照射消毒法。日光照射消毒法主要靠太阳辐射中的红外线和紫外线作用达到消毒的目的，但因日光照射受不同地区、季节及空气清洁度等限制，影响消毒效果，因此只可作为一种辅助的消毒方法。

2．化学消毒法

化学消毒法是利用含氯、溴或过氧乙酸的消毒剂进行消毒的方法，常用的消毒方法有如下几种：

（1）浸泡消毒法（见图8—37）。在清洁服务现场，选用杀菌谱广、腐蚀性弱、水溶性消毒剂，将物品全部浸没于消毒剂溶液内，在标准的浓度和时间内进行消毒或灭菌。经过浸泡消毒之后，需用清水将物品表面的消毒剂冲洗干净。

（2）擦拭消毒法。选用易溶于水、穿透性强的消毒剂擦拭人体或物品表面，在标准的浓度和时间里达到消毒灭菌的目的。这种方法适用于对经常使用或接触的物品、餐具等进行的定期消毒。采用擦拭消毒法之后，需用清水与干净的抹布擦去残留的消毒剂。

（3）喷洒消毒法（见图8—38）。借助喷雾器使消毒剂产生微粒气雾弥散在空气中，对空气和物品表面进行的消毒。这种方法适用于对地面、墙壁等表面进行的定期消毒。

图 8—37　浸泡消毒法

图 8—38　喷洒消毒法

（4）熏蒸消毒法（见图 8—39）。在专用消毒柜（或箱）与消毒袋中、用消毒剂气体对消毒对象进行消毒或灭菌。适用于室内物品及空气消毒或精密贵重仪器，以及不能蒸、煮、浸泡的物品消毒。

【例 8—1】　卫生间消毒的标准化操作方案。

卫生间的消毒属于预防性消毒。做好卫生间的消毒工作，对防止疾病的传染、保护人们的身体健康，具有十分重要的意义。

图 8—39　熏蒸消毒法

（1）卫生间的室内环境消毒。包括对卫生间内的墙壁、地面、天花板和空气等进行消毒。日常喷洒的空气清新剂均有消毒杀菌作用，在疾病易于传播的季节，则应采用化学消毒，即先配制好 1% ~ 5% 的漂白粉水溶液，然后重点喷洒在地面落水口和马桶、便器旁墙壁等位置。

（2）卫生洁具的消毒。这是卫生间消毒工作的重点。对于马桶、便池，以及水龙头、门把等经常接触的部位，则应采用配制好的消毒水擦拭，待其稍稍作用后再用水毛巾抹净。

（3）洗手盆的消毒。用配制好的消毒水擦拭，或者使用喷壶将配制好的消毒水均匀地喷洒在洗手盆的壁上，用清水冲洗干净并用干净毛巾擦干。

四、消毒剂的类型及使用

消毒剂是用于杀灭传播媒介上的微生物，使其达到消毒或灭菌要求的清洁剂。

194

1．消毒剂的类型

消毒剂按照其作用的水平可分为高效消毒剂、中效消毒剂和低效消毒剂。

（1）高效消毒剂。指可杀灭一切微生物，包括细菌、真菌、芽孢、病毒的消毒剂，这类消毒剂也称为灭菌剂。

（2）中效消毒剂。指不能杀死细菌芽孢，但能杀死细菌繁殖体、真菌和大多数病毒的消毒剂。

（3）低效消毒剂。可杀灭多数细菌繁殖体、部分真菌和病毒，但不能杀灭细菌芽孢、结核杆菌以及某些真菌和病毒的消毒剂。

2．消毒剂的配制

（1）消毒剂要在使用时再稀释原液，要求现用现配。

（2）配制消毒剂时应查看消毒剂的生产日期和有效期，以及消毒剂是否有变质现象。

（3）配制时应使用专用器具、量具，并加以标识区别。

（4）因含氯消毒剂对人体呼吸道膜和皮肤有明显刺激，配制时应戴口罩和橡胶手套，或在通风区域配制。

3．消毒剂的使用

（1）在使用消毒剂过程中，必须严格按照说明书使用。

（2）由于消毒剂本身就是一种危险品，故不可过度使用。同时，长期大量使用消毒剂，会使微生物产生抗药性，灭菌效果大大降低。

（3）为防止致病菌产生抗药性，应定期交替使用消毒剂。

第六节　地面污染控制管理

一、地面污染

地面污染来自户外或建筑物内的各种污渍、粉尘每天随着建筑物内外的人和物的流动，而被携带并分散在建筑物各处，成为一个无序的循环，反复污染室内地面，这就是地面污染。

地面污染物包括砂石、粉尘、污渍、垃圾、水渍、泥浆、冰雪、油渍、昆虫尸体、毛发、有机和无机清洁剂、食品碎屑等。

1. 地面污染的来源

（1）地面污染物主要来源为人员、物品进出携带的沙砾、粉尘、液态和固态污渍。按国际清洁协会 ISSA 统计，每人每天带入室内的污染物污渍量约为 7 克。一座每天 1 000 人次进出的大楼，被人带入的灰尘起码有 7 000 克。

建筑物内 80% 的污染物是由行人带入的，其中地面污染最为严重。每 1 500 个行人鞋底的泥沙将造成 42% 的硬地面损伤。95% 的地毯问题也是由于脚底带来的泥沙和污染物造成的，如图 8—40 所示。

图 8—40　脚底带来的污染物

（2）门窗、通风管道等带来的沙砾、粉尘、污渍。

（3）大楼建筑物本身由于受到环境腐蚀，或由于不当清洁造成的沙砾、粉尘和污渍。

（4）大楼建筑物内部的特定污染区域，如垃圾房、水房、茶水间、卫生间、厨房、洗手台等。

2. 地面污染的危害

各种污染物都会不同程度的污染地面环境，给人们的工作生活带来安全隐患。

（1）污渍对地面材料的渗透会造成地面材料变色、变形、吐黄等，沙尘颗粒和清洁剂会磨损和腐蚀地面材料（石材、PVC 地板、地毯、地砖）表面。

（2）各种颗粒污渍损坏地面材料以外其他设施也会造成损坏，如自动扶梯。自动扶梯 60% 的故障都是由于乘客脚底的泥沙对电子机械部件磨损、阻塞而造成的。

（3）砂石、细小颗粒的粉尘也会对地面造成磨损，破坏地面材料保护蜡层，加速蜡层的磨损，减低地面材料保养的效果，增加地面材料保养的频率和费用。

（4）由雨雪天气或室内其他油水污染源带来地面湿滑，会增加地面安全隐患。每年由于地面湿滑而导致的人员滑倒、摔伤事故有很多，由此引发了大量的民事纠纷。

二、地面污染控制系统

地面污染控制系统（见图8—41）是由一系列有特定功效、铺设在建筑物特定地面区域的地垫构成。该系统是一个全方位的地面防污抗污屏障，能够有效阻止粉尘、细菌、泥沙、水渍、污渍和其他的污染物被带入室内，能够切断污染物在地面的传播，是保持室内地面整洁和地面安全的绿色环保产品。

经过多年的发展，地面污染控制系统受到了广大客户和清洗人员的青睐。

图8—41　地面污染控制系统示意图

1. 地面污染控制系统的作用

（1）保护地材不受到各种污物、水和清洁剂的伤害，延长地材寿命。

（2）减缓地材保养的损耗，减低清洁工作强度。作为一种预防的措施配合清洁和养护，可以最大限度发挥清洁工作的效率。

（3）最大限度减少由污染源带入室内的尘埃量，进而保护室内其他电气设施，减低故障率，减缓老化和磨损。

（4）减少因地面湿滑而导致的安全事故。

2. 地垫的类型

地垫作为地面污染预防的主要手段，成为清洁服务行业的必需品。

（1）按功能分类。地垫按功能可分为刮沙地垫、除尘地垫、吸水地垫、吸油地垫、防滑地垫、隔离地垫、抗疲劳地垫、防静电地垫和地面广告地垫等。

（2）按构型分类。地垫按构型成可分为毯面型地垫（见图8—42）、模块型地垫

（见图 8—43）、圈丝型地垫（见图 8—44）、铝合金型地垫（见图 8—45）和橡胶型地垫（见图 8—46）等。

图 8—42　毯面型地垫

图 8—43　模块型地垫

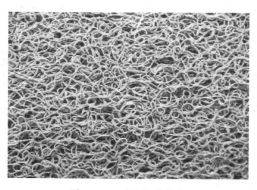

图 8—44　圈丝型地垫

图 8—45　铝合金型地垫

图 8—46　橡胶型地垫

3．地垫的基本特征

（1）安全。地垫具有良好的贴地性，能牢固的、平整的抓住地面，选择地垫时要注意不能出现卷边、起波浪、起拱、滑动等现象（见图 8—47），并且地垫本身不造成绊倒、滑倒等安全隐患。

　a）　　　　　　　　　　b）　　　　　　　　　　c）

图 8—47　地垫的安全隐患

a）起拱　b）滑动　c）起波浪

（2）有功效。专业的地垫能有效地去除脚底大部分污渍。地毯和劣质的地垫几乎没有吸污和除污的功能。目前有各种刮砂垫、吸水垫、防污地毯，它们的功效可以通过现场测试来判断，见表 8—6。

（3）维护简单方便。专业的地垫维护简单，可以使用普通清洁工具和清洁设备进行清理，无须把整个地垫从地面翻起来清洗。

（4）结实耐用。专业的地垫由特种材质做成，无毒、无异味、耐磨耐踩，能够承受高人流量的踩踏。合格的地垫在外观完好、功能不丧失的情况下可以使用至少两年。

市场上有很多用有害垃圾、废料材质合成的地垫，它们以各种类型的吸水垫、"欢迎光临"垫、电梯垫、防滑垫、隔水垫在市场上出现，往往以低廉的价格吸引客户。

表 8—6　　　　　　　　　　　　　　地垫的功效测试

①准备有污渍、水渍的地面	②踩在有污渍、水渍的地面上	③踩在待测试的地垫上
④在待测试的地垫上走三步	⑤踩在白纸上	⑥看白纸上的污渍并视白纸的清洁度判定地垫的功能

这种的地垫往往由于材质问题，不耐久、不环保，会造成二次污染，如果铺设在密封的环境里，还可能对人体造成伤害。

图 8—48 所示的劣质地垫，在耐磨和耐踩程度上不够牢，很容易破损变形反而造成隐患。

图 8—48　劣质地垫

（5）美观耐脏。专业的地垫有藏污设计，割绒的结构和绒面的密度特性使被吸附的污渍能够沉淀到地垫底部，不影响地面美观效果，而地毯和劣质地垫则不具备这样的藏污功能。

4．地垫的选择

选择地垫需要考虑到污染物构成、铺设位置、地面尺寸状况、人流情况、清洁打理的简易程度和铺设的美观度等因素。

（1）确认地垫的主要功能。地垫不能集所有功能于一体。一旦确定了污染物的主要构成，就要对所铺设地垫的主要功能加以确定。如污染源是厨房出菜口，主要污染物就是油渍、水渍，就需要在出菜口位置铺设吸水吸油地垫，吸附油渍和水渍。

（2）现场的人流量大小，铺设的地面环境，美观效果。针对人流量的大小、地面的环境铺设条件，以及铺设后的视觉效果，再对地垫的材质、尺寸、颜色进一步做筛选。

（3）地垫是地面污染预防的工具，地垫的设计必须方便清洗。一个有功效的地垫就像是个垃圾桶，一天 24 小时，不断地吸附收纳各种垃圾，所以要定期对地垫进行清洗和维护，便于有效的清洁就是挑选地垫的主要标准之一。

三、地面污染控制系统实例

地垫和地面污染控制系统的应用领域很广泛，只要有地面，有人流物流，就能用到地垫。如小区、别墅、酒店、餐馆、娱乐场所、超市、商场、博物馆、学校、医院、实验室、公交枢纽、体育场、工厂等都会用到地垫。

不同行业适合的地面污染控制系统都是不一样的。每一套系统也都是根据现场地面情况而量身定做的。

1. 酒店物业污染控制系统实例

酒店物业污染控制系统的全套方案如图 8—49 所示。

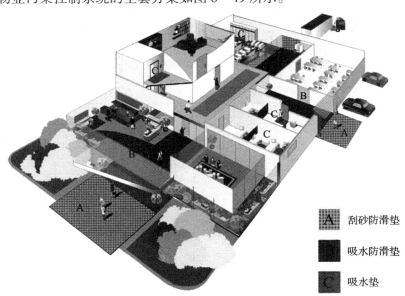

A 刮砂防滑垫

B 吸水防滑垫

C 吸水垫

图 8—49　酒店物业污染控制系统的全套方案

2. 工厂地面污染控制系统实例

工厂地面污染控制系统的全套方案如图8—50所示。

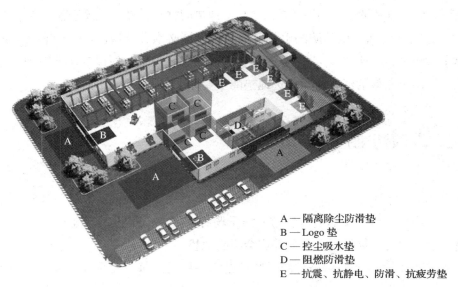

A — 隔离除尘防滑垫
B — Logo 垫
C — 控尘吸水垫
D — 阻燃防滑垫
E — 抗震、抗静电、防滑、抗疲劳垫

图 8—50　工厂地面污染控制系统的全套方案

3. 酒店、物业大楼门口地面污染控制系统实例

酒店、物业大楼往往会忽视员工通道、卸货区及停车场所带进的污染物，其实这些地方却会是最大的污染源，有效的地面污染控制系统一定是全方位保护地面的系统，见表8—7。

表 8—7　　　　　　酒店、物业大楼门口地面污染控制系统

实景照片	污染物和危害
	主要污染物来自户外，由行人的鞋底和随身携带的物品作为媒介，可能带入室内 磨损地材，污染室内地面环境，雨雪天造成湿滑隐患

续表

地垫种类	铺设位置	地垫功能	地垫清洁保养	地垫照片
强力刮砂垫	主通道大门外侧	放在主通道口，阻隔85%的粉尘、砂石和其他颗粒进入酒店大堂	根据人流量情况，日常清洁用直立式吸尘器进行吸尘 深度清洁：单擦机配地毯刷＋吸水机	
强力吸水除尘垫	主通道大门内侧	进一步吸附、收纳脚底剩余的细小颗粒、泥沙和水渍，消除雨雪湿滑隐患	根据人流量情况，日常清洁用直立式吸尘器进行吸尘 深度清洁：单擦机配地毯刷＋吸水机	

4．医院、公交枢纽、大型商场卫生间地面污染控制系统实例

医院、公交枢纽、大型商场卫生间地面污染控制系统见表8—8。

表 8—8 　　医院、公交枢纽、大型商场卫生间地面污染控制系统

实景照片	污染物和危害
	由于静电吸附脚底的灰尘、污渍，碰到卫生间的水、尿液后，从脚底化开，再次污染地面 卫生间地面的水渍、污渍、烟灰、垃圾桶等都是污染源，它们会吸附在人的脚底，随行人带入大堂，从而对外面的地面造成二次污染并形成湿滑隐患。医院、公交枢纽、大型商场的卫生间通常都是清洁服务的重点难点。脏、乱、差，充满异味的卫生间比比皆是，卫生间的滑倒事故也屡见不鲜。这里人流量超大，人员卫生意识差，清洁费用有限，清洁服务公司压力大

地垫种类	铺设位置	地垫功能	地垫清洁保养	地垫照片
模块式隔水防滑垫	卫生间内部	隔离行人脚底和湿滑地面的直接接触，防止人员滑倒。特殊的疏水设计使地垫清洗非常简便	日常清洁用高压水枪配中性泡沫剂进行清洗，不用翻起地垫 深度清洁：翻起地垫用高压水枪清洗地面和地垫	

续表

地垫种类	铺设位置	地垫功能	地垫清洁保养	地垫照片
强力吸水除尘垫	卫生间出入口	确保90%的脚底污渍不被带到其他场所	日常清洁用直立式吸尘器进行吸尘 深度清洁：单擦机配地毯刷+吸水机	
纾纾垫	男卫生间尿斗下	保护模块式隔水防滑垫和下面的地材不受滴落尿液的污染和侵蚀	用中性清洁剂浸泡，晾干后即可使用	

单元练习题

一、单项选择题（每题所给的选项中只有一项符合要求，将所选项前的字母填在括号内）

1. 地毯的清洗方法分为干洗法和（　　　）两大类。

A. 高泡法　　　　　　　　　　　　B. 高压蒸汽法

C. 湿洗法　　　　　　　　　　　　D. 低泡法

2. 地毯的日常保养必须进行的工作有控制污物、地毯真空吸尘和（　　　）。

A. 拉毛　　　　　　　　　　　　　B. 及时除污

C. 清洗　　　　　　　　　　　　　D. 除螨

3. 二级高处作业的坠落高度是 5 ～ 15 米，坠落范围半径是（　　　）米。

A. 2　　　　　　B. 3　　　　　　C. 4　　　　　　D. 5

4. 下列消毒方法中属于干热灭菌法的是（　　　）。

A. 烧灼　　　　　B. 煮沸　　　　　C. 紫外线　　　　D. 流通蒸汽

二、判断题（判断下列各题的对错，并在正确题后面的括号内打"√"，错误题后面的括号内打"×"）

1. 地毯的清洗过程包括吸尘、预喷、清洗、拉毛、干燥和洗后处理。　（　　　）

2. 建筑装饰用石材主要有天然石材和人造石材两大类。　　　　　　（　　　）

3. 石材养护的主要内容包括石材的防护、石材的日常护理、石材的表面处理和石材的病症处理。　　　　　　　　　　　　　　　　　　　　　　　（　　　）

4. 空调系统内污染物按性质可分为物理性污染物、化学性污染物和生物性污染物。　　　　　　　　　　　　　　　　　　　　　　　　　　　　　　（　　　）

5. 高处坠落事故的主要原因就是人的因素。　　　　　　　　　　　（　　　）

三、问答题

1. 什么是地毯的清洗频率？

2. 外墙清洁的条件有哪些？

3. 发生高处坠落事故的主要原因有哪些？

4. 公共场所的基本卫生要求是什么？

5. 地面污染控制系统的作用是什么？

单元练习题答案

一、单项选择题

1．C 2．B 3．B 4．A

二、判断题

1．√ 2．√ 3．√ 4．√ 5．×

三、问答题（略）

第九单元　清洁服务礼仪管理

Chapter9 QINGJIE FUWU
LIYI GUANLI

第一节　礼　仪　概　述

一、礼仪及其特点

1. 礼仪

礼仪是指人们在一定的社会交往场合，为表示相互尊重、敬意、友好而约定俗成的、共同遵循的行为规范和交往程序。

礼仪是生活中不可缺少的一种能力。从个人修养的角度来看，礼仪是一个人内在修养和素质的外在表现。从交际的角度来看，礼仪是人际交往中适用的一种艺术，也可以说是一种交际方式或交际方法。从传播的角度来看，礼仪是在人际交往中进行相互沟通的技巧。

2. 礼仪的特点

（1）礼仪具有一定的规范性。礼仪属于作用相对较弱的行为规范，违反礼仪规范，只构成失礼。失礼本身一般不会引起责任。

（2）礼仪具有多样性。不同场合有不同的人际关系，因而也就产生了各种不同的礼仪要求。

（3）礼仪具有历史继承性。礼仪将人们在长期生活及交往中的习惯、准则固定并传承下来。

（4）礼仪具有差异性。同一礼仪形式在不同民族或不同地域有着不同的意义。

（5）礼仪具有社会性。尽管当今世界各国的社会制度不同，但都在倡导文明礼貌。在很大程度上礼仪已经成为一个国家或民族文明程度的重要标志，也是衡量人们有无教养和道德水准高低的尺度。

二、礼仪的原则

1. 遵守的原则

任何人都有自觉遵守礼仪和应用礼仪的义务。

2．真诚的原则

真诚就是在交往中要做到表里如一、诚心诚意、言行一致。只有如此，才会表达出尊敬和友好，更好地被对方所理解、所接受。

3．尊重的原则

尊重他人是赢得他人尊重的前提。只有相互尊重，人与人之间的关系才会融洽和谐。

4．宽容的原则

宽容就是心胸坦荡、豁达大度，能设身处地地为他人着想，谅解他人的过失，不计较个人得失，有很强的容纳意识和自控能力。

5．自律的原则

在交往中，根据环境的要求，掌握好标准，掌握好度，把自己的言行控制在礼仪规范所要求的范围中。

6．平等的原则

做到对任何交往对象一视同仁，给予同等程度的礼遇。

7．从俗的原则

必要时，必须入乡随俗，与绝大多数人的习惯保持一致。

8．适度的原则

交往应把握礼仪分寸，根据具体情况、具体情境而行使相应的礼仪。

三、礼仪的分类

如果说传统礼仪的定义是人内在规范的外部表现，现代礼仪的定义则是人际交往中约定俗成来表示律己敬人的一种方法和过程。

在各种不同的场合均有相应的礼仪，从大的方面分有服务礼仪、社交礼仪、商务礼仪和政务礼仪等。对于清洁管理师（初级）来说，必须要掌握其中的服务礼仪。

1. 服务礼仪

服务礼仪是服务行业从业人员应具备的基本素质和应遵守的行为规范。

2. 社交礼仪

社交礼仪是在人际交往过程中所应具备的基本素质和交际能力等。社交礼仪在当今社会人际交往中发挥的作用愈加重要。

3. 商务礼仪

商务礼仪是对在商务活动中的仪容仪表和言谈举止的普遍要求。商务礼仪的核心作用是体现人与人之间的相互尊重。

4. 政务礼仪

政务礼仪是在行使国家权力和管理职能时所必须遵循的礼仪规范。

第二节　清洁服务礼仪及管理

清洁服务礼仪是清洁服务人员必备的素质。出于对客人的尊重与友好，在清洁服务中要注重仪表礼仪、仪态礼仪和语言、操作的规范，从而表现出清洗人员良好的风度与素养。

清洁服务礼仪是沟通、协调和激励的辅助工具，是清洁服务水平的检验标准之一。

一、仪表礼仪

仪表是一个人外在美的重要组成部分，体现着一个人的精神风貌和气质风度，反映出一个人的道德修养、文化素质和审美情趣。

仪表礼仪由仪容礼仪和着装礼仪两部分构成，如图9—1、图9—2所示。整洁的仪容、得体的穿着，能赢得他人的信赖，提高与人交往的能力。

图9—1 仪表礼仪

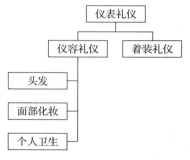

图9—2 仪表礼仪的构成

每天上班之前，员工应注意检查自己的仪表。上班的时候，不能在客人面前或公共场所整理仪表，必要时应到卫生间或工作间整理。

1. 仪容礼仪

（1）头发。头发是仪容礼仪的中心，通常被称为人的第二张脸，占有举足轻重的地位。

清洗人员的头发不仅表现出性别，更多的是反映了道德修养、审美水平、知识层次以及对工作、生活的态度，因此，清洗人员的头发要符合其职业特点，不能随心所欲。要勤于梳洗、长短要适中、发型要得体、美发要自然。

1）女员工前发不遮眼，短发不超肩部，长发可梳起或盘起，不留怪异发型或过分染色。

2）男员工不留长头发，前发不遮额，旁发不盖耳，后发不超过衣领。不留大鬓角，不留胡须。

（2）面部化妆。面部化妆是仪容礼仪的重点，俗话说"三分容貌，七分打扮"。随着生活水平的提高，人们对化妆越来越重视，清洁服务人员适度的化妆也是尊重客人的一种表现。

1）女员工应淡妆打扮，不允许浓妆艳抹，避免使用气味过浓的香水和化妆品。

2）男员工养成每天剃胡须的良好习惯。

（3）个人卫生。良好的个人卫生是仪容礼仪的关键。

1）保持面部清洁，眼、耳清洁，不允许残留眼屎、耳垢。

2）保持鼻腔干净，定期清理鼻腔，修剪鼻毛，注意不当众擤鼻涕、抠鼻孔。

211

3）保持口腔清洁，口气清新无异味，上班前不吃有异味的食物，饭后刷牙或漱口。

4）保持手部的干净，不留长指甲，指甲内不允许残留污物，不涂有色指甲油。

5）员工应勤洗澡、勤换衣服，以便去除身上的尘土、油垢和汗味。

2．着装礼仪

员工的着装必须以整洁、朴素、大方，便于工作为原则。

在清洁服务中一般要求员工统一着装，着装应根据季节和气温的变化，以及清洁服务地点和场合而调整。

（1）上班时间必须穿工服。工服要整洁，纽扣要扣齐，不允许敞开外衣，非工作需要不允许将衣袖、裤管卷起，不允许将衣服搭在肩上。

非当班时间，除因工作或经批准外，不得穿着工服外出。

（2）上班时间必须佩戴工牌。工牌应统一佩戴在左胸上方，不能歪斜和遮挡。

（3）鞋袜应与工服配套，整体和谐。鞋袜要穿戴整齐并保持清洁，鞋带系好，不允许穿鞋不穿袜，非工作需要不允许光脚或穿雨鞋、拖鞋到处走。

二、仪态礼仪

212

如图9—3所示，仪态是指人在行为中身体所呈现出的各种形态，包括站、行、坐、蹲、手势等举止姿态以及眼神、微笑等面部表情，如图9—4所示。

图9—3　仪态礼仪

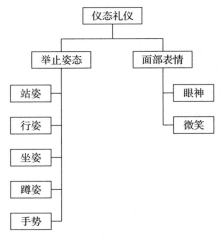

图9—4　仪态礼仪的构成

仪态美是一种综合的美，是身体各个部分相互协调的整体表现，同时也体现了一个人内在素质与仪表特点，对提高个人形象起着重要作用。清洁服务人员的礼仪要求与其他行业从业人员有相同也有不同，具体要求为：

1. 举止姿态

（1）站姿（见图9—5）。站姿的基本要求是端正、挺拔、优美、典雅。

1）男员工站立时，双脚可适当分开，双手放松自然下垂于体侧，虎口向前，手指自然弯曲，也可双手背在身后或交叉放在身体前面。

2）女员工站立时，要双手自然地交叉（右手搭在左手上）放在身体前面，贴在腹部。双腿并拢脚跟靠紧，脚掌分开，呈"V"字形，也可将两脚前后略分开，呈"丁"字形。站立时一定要收腹挺胸给人以端庄之美。

（2）行姿（见图9—6）。行姿的基本要求是协调稳健、轻盈自然、有节奏感、不慌不忙、稳重大方。

图9—5　站姿

图9—6　行姿

1）行走时姿态端正，身体向前倾，挺胸收腹，两肩放松，上体正直，两肩自然前后摆动，步伐轻快稳重。

2）行走时不要把双手放在衣袋或裤袋里，也不要双手抱胸或背手走路。

3）行走时不允许随意与他人抢行，在特殊情况下，应向他人示意后方可超越。

4）走路动作应轻快，在非紧急情况不要奔跑、跳跃。

5）在工作场合与他人同行时，不允许勾肩搭背，不允许同行时嬉戏打闹。

（3）坐姿（见图9—7）。坐姿的基本要求是自然大方、端庄舒展、优美典雅，头、上体与四肢协调配合。

1）就座时入座要轻缓，上身要直，腰部挺起，双肩放松平放。

2）躯干与颈、胯、腿、脚正对前方。

3）手自然放在双膝上，双膝并拢。

4）不要在椅子上前俯后仰、摇腿跷脚。

（4）蹲姿（见图9—8）。蹲姿的基本要求是自然、得体、大方，不遮遮掩掩。

下蹲时一脚在前，一脚在后，两腿向下蹲，前脚全着地，小腿基本垂直于地面，后脚脚跟提起，脚尖着地。上身略向前倾，臀部向下蹲。

图9—7　坐姿

图9—8　蹲姿

（5）手势。手势的基本要求手指伸直、自然并拢，手掌掌心向上，手势要适度，注意动作幅度不要过大。

2. 面部表情

（1）眼神。用眼神注视对方时，要坦然、亲切、友好、和善。

1）与人交谈时要把握好眼神注视对方的时间长度，不能对关系一般的人长时间凝视。

2）与人交谈时，要自然地注视对方双眼和嘴部之间的三角形区域，不要紧盯着对方或左顾右盼。

3）与多人交流时，不能只顾与其中的一两个人交谈。

（2）微笑。微笑能有效地缩短人与人之间的距离，给对方留下美好的心理感受，从而形成融洽的交往氛围。微笑的要求是发自内心、真诚、自信、愉快。

三、语言规范

1．言谈举止

（1）与客人谈话要全神贯注用心倾听，要等谈话者说完，不要随意打断别人谈话。

（2）与客人交谈时，不要有任何不耐烦的表示，要面带笑容，要有反应，不能心不在焉。

（3）不扎堆闲聊、高谈阔论、大声喧哗、争吵辩论。

（4）说话注意艺术，多用规范用语。

2．规范用语

（1）基本礼貌用语：您、您好、请、谢谢、对不起、再见等。

（2）称呼语：在职务前加上姓氏（就高不就低），如张经理。

（3）见面语：请进、请坐、请用茶等。

（4）问候语：您好、早、早上好、下午好等。

（5）欢迎语：欢迎、欢迎光临、欢迎指导等。

（6）祝贺语：恭喜、祝您新春快乐、万事如意等。

（7）道歉语：对不起、请原谅、请谅解、打扰您了、失礼了等。

（8）道谢语：谢谢、非常感谢、多谢关照、多谢指正等。

（9）告别语：再见、晚安、明天见、祝您一路平安、欢迎下次再来等。

（10）应答语：是的、好的、我明白了、不要客气、没关系等。

（11）征询语：请问您有什么事？我能为您做些什么吗？需要我帮您做什么吗？

（12）请求语：请关照！请指正！请稍候！请留步！请您协助我们！

（13）商量语：您看这样好不好等。

（14）解释语：很抱歉、企业的规定是这样的等。

四、清洁服务礼仪管理

1．服务态度

清洗人员在进行清洁服务工作时必须遵守以下原则：

（1）对客人服务无论何时都应面带笑容、和颜悦色、热情主动。

（2）在将客人劝离工作场所时要文明礼貌，并做好解释及道歉工作。

（3）谦虚和悦地接受客人的评价，对客人的投诉应耐心倾听，并及时向主管级领导汇报。

2. 清洁服务中的礼仪

（1）跟客户确认服务项目及了解客户要求等。

（2）告知客户收好贵重物品。

（3）进行清洁服务工作前，礼请客户休息或忙自己的工作。

（4）中途需要借用客户的物品时要征得客户同意，同时用完后放回原位，并告知客户。

（5）开始周到、细致、优质的清洁服务。

（6）清洁服务完成后，告知客户并了解其看法意见，直到满意为止，最后请客户检查验收并签单。

（7）跟客户礼貌告别。

单元练习题

一、单项选择题（每题所给的选项中只有一项符合要求，将所选项前的字母填在括号内）

1. 与人交谈时，正确的眼神是（　　　）。

A. 紧盯着对方

B. 注视对方双眼和嘴部之间的三角形区域

C. 左顾右盼

2. 清洗人员上班时间必须穿工服、佩戴工牌，工牌应统一佩戴在（　　　）。

A. 右胸上方　　　　B. 左胸上方　　　　C. 脖子下方　　　　D. 左臂

二、问答题

1. 礼仪的特点是什么？

2. 礼仪的原则有哪些？

3. 礼仪的类型有哪些？

单元练习题答案

一、单项选择题

1. B　2. B

二、问答题（略）

第十单元　公共关系管理

第一节　公共关系概述

公共关系是社会组织与其他相关公众之间的各种关系的综合表现，是组织通过人际沟通与大众传播，与其特定的目标建立起来的一种和谐的社会关系。

对于清洁行业来说，公共关系是清洁服务企业通过相应的行动与方法获得员工、客户和社会好感的一个过程，这个过程需要企业的全体员工通过长期坚持不懈的努力才能达成。

一、公共关系的构成要素

公共关系由社会组织、公众和传播与沟通三个基本要素组成。

1. 社会组织

社会组织是指为了实现某种共同的目标而建立起来的集合体，是公共关系的主体，是公共关系活动的策划者和组织实施者，在清洁行业中即指的是从事清洁服务的企业。

作为公共关系主体的社会组织一般具有整体性、目的性、适应性、稳定性和多样性的特征。

2. 公众

公众是指与特定的公共关系主体组织（如清洁服务企业）发生相互联系和相互影响的群体、组织和个人，是公共关系的客体，即公共关系的工作对象。

根据公众与组织的所属关系，可分为内部公众和外部公众。清洁服务企业的内部公众是与清洁服务企业有归属关系的公众，包括企业内的职工、管理人员、股东及家属等。清洁服务企业的外部公众是指那些与清洁服务企业没有归属关系的公众，是清洁服务企业面临的外部微观环境，包括政府公众、同行公众、消费者公众、媒介公众等。

3. 传播与沟通

传播与沟通是利用各种媒介手段，将自身的信息有计划地与公众进行分享、交流的活动，是连接主体和客体的中介环节和手段。

219

要做好公关工作，必须了解传播的特点和技巧，有效地利用各种传播媒介努力营造一个良好的舆论环境和公众环境。

传播媒介有人员传播和非人员传播两种。非人员传播指的是通过其他媒介把信息传向目标公众，常见的传播媒介有报纸、电视、广播、杂志、户外广告、网络等。

二、公共关系的职能

公共关系的职能非常广泛，从其运行所发挥作用的表现形态来看，主要有管理职能、传播职能和决策职能。

1. 管理职能

公共关系管理职能是指社会组织对各类与公共关系相关的要素所实施的教育引导、协调沟通以及规划控制等各项职能。

2. 传播职能

公共关系传播职能是指在公共关系活动中通过传播工作的实施与运行所能发挥出的有利组织发展的效用。

3. 决策职能

公共关系决策职能是指在公共关系活动中通过对重大活动的策划、管理与实施，对组织决策所能发挥的服务、指导与促进的效用。

三、公共关系的类型

公共关系有交际性公关、宣传性公关、征询性公关、服务性公关和社会性公关等类型。

1. 交际性公关

交际性公关是组织运用各种交际方法和沟通艺术开展公关工作的一种模式，是公共关系活动中应用最多，又极为有效的公共关系活动模式。

活动方式有团体交际和个人交往。团体交际包括招待会、座谈会、工作午餐会、宴会、茶话会、谈判、慰问、舞会等。个人交往有交谈、拜访、电话、祝贺、信函往来等。

2．宣传性公关

宣传性公关是指组织利用各种传播媒介和内部沟通方法开展宣传工作，以树立良好的组织形象。

宣传性公关分为内部宣传和外部宣传两种。内部宣传的主要对象是内部公众，常用手段有报纸、通讯、刊物、职工手册、黑板报、宣传栏、闭路电视、演讲会、电影、讨论会等。外部宣传对象是与组织有关的外部公众，常用手段有广告宣传、新闻报道、新产品展示会、记者招待会、经验或技术交流会、对外开放参观、各种典礼和仪式、公关刊物和视听材料等。

3．征询性公关

征询性公关的主要活动方式有开办各种咨询业务，编制调查问卷进行舆论调查、民意测验，设立公众热线电话，建立售后服务，受理投诉，聘请兼职信息人员，举办信息交流会等。

征询性公关目的在于通过连续不断的努力，逐步形成效果良好的信息网络，再将获取的信息进行分析研究，为经营管理决策提供依据。

4．服务性公关

服务性公关是一种向社会公众提供优惠、优质、特色服务为主的公关活动。

服务性公关的活动方式包括各种消费教育、消费培训、消费指导、售后服务、接待顾客、访问用户、为公众提供优惠服务等。其目的是以优质的服务来赢得社会好评，建立良好的组织形象。

5．社会性公关

社会性公关是社会组织利用举办各种社会性、公益性、赞助性活动来塑造组织形象。

清洁服务企业社会性公关的活动方式主要有四种：

（1）以清洁服务企业本身的重要活动为中心而开展的公关活动，如利用企业的开业剪彩、周年纪念、更换公司名称、招聘高级人才等机会。

（2）以赞助社会福利事业为中心开展的公关活动。

（3）以冠名等形式参与政府、社区举办的各种文教体卫等重大社会活动。

（4）当清洁服务企业同公众之间产生误解、纠纷或争议时，协调组织与内外部各界的利益关系，以化解矛盾、消除不利影响、恢复组织声誉。

第二节　企业公共关系管理

公共关系管理是对企业与公众之间传播沟通的目标、资源、对象、手段、过程和效果等基本要素的管理。公共关系管理包括一般管理的基本环节，也就是对企业的公众传播沟通活动进行决策、计划、组织、指挥、控制、协调和监督等。

清洁服务企业公共关系管理的主要内容有公共关系协调、投诉处理和危机处理。

一、公共关系协调

清洁服务企业在清洁服务的过程中，公共关系涉及的范围非常广泛，但归纳起来可以分为内部公共关系和外部公共关系两大类。只有协调好这些关系，才能增强企业的凝聚力，为企业创造和谐的公共关系环境。

1. 企业内部公共关系

内部公众是企业的内部公共关系对象，企业内部公共关系主要包括员工关系、上下级关系和各部门关系的协调。

（1）员工关系处理。员工关系是指在企业的内部管理过程中所形成的人事关系。

清洁服务企业的员工大多数是外地农民工、城市下岗者或失业者，普遍受教育程度较低，经济条件较差，由此带来的是员工管理的难度较大。在员工关系处理中，要注意做到以下几点：

1）要了解员工，尊重员工，承认员工的个人价值。

2）重视员工的物质利益需求，满足员工的精神需求。

3）建立健全合理化的建议制度，培养员工的进取心和自豪感。

4）建立顺畅的沟通和联系渠道，让员工分享足够的企业信息。

5）培育员工共同的价值观，建立积极向上的企业文化。

（2）上下级关系。在上下级关系处理中，要注意做到以下几点：

1）努力满足上下级之间的角色期待，是建立良好上下级关系的基础。

2）克服上下级交往中的心理障碍，淡化角色差异，是形成良好关系的关键。

3）注重上下级的沟通和交流，各尽其责，恪尽职守，是形成良好关系的根本所在。

（3）各部门关系处理。在清洁服务企业中，大多有市场部、工程部、技术部、人力资源部和财务部等。在各部门关系处理中，要注意做到以下几点：

1）要明确各部门的职权范围，协调好各部门的关系。

2）要树立全局观念，加强各部门间的协作。

3）要保持感情联系，加强情感沟通。

2．企业外部公共关系

外部公众是企业的外部公共关系对象，主要包括政府机构、行业协会、同行、客户、供应商和新闻媒体等，如图 10—1 所示。

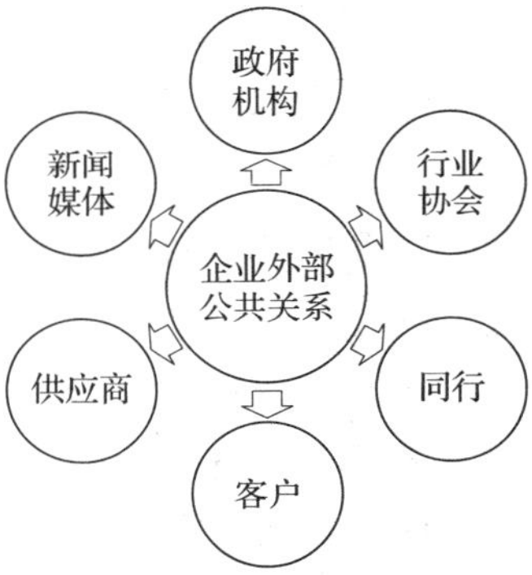

图 10—1　企业外部公共关系

（1）政府关系处理。正确处理和协调政府关系，争取政府对企业的了解、信任，在人力、物力及政策方面予以倾斜和支持，对于企业的生存和发展是十分重要的。为处理好与政府的关系，企业应做到：

1）服从大局、服从管理，为政府分忧。

2）熟悉有关政策法规，并及时了解政策法规的变动。

3）熟悉政府机构的组织结构及职能。

4）加强与政府的信息交流，扩大企业的影响，提高政府部门对企业的信心和重视程度。

（2）行业协会关系处理。行业协会是行业企业自发组成的非营利性、行业性社会团体，它作为政府和企业的桥梁和纽带，通过协助政府实施行业管理和维护企业合法权益，推动行业和企业的健康发展。

处理好与行业协会之间的关系，企业应做到：

1）加入协会并积极参加协会组织的相关活动。

2）自觉遵守协会章程或行规行约，接受协会的行业监督和管理。

3）加强与协会的密切联系，可以更好地得到协会为企业提供的市场信息、技术咨询、员工培训、法律援助等服务。

4）企业在一些具体事宜上难免会与社会其他组织发生冲突和摩擦，可以通过协会协调进行调解。

（3）同行关系处理。企业与同行之间存在着竞争关系，表现在清洁服务质量、资本实力和营销等方面。实际上，企业的真正对手不是同行，而是企业自身（包括企业的理念、规划、服务质量、管理等）。同行的存在应当成为企业前进的驱动力，借助同行的力量来发挥自己的优势或者变劣势为优势，非常有利于企业的生存与发展。因此，同行之间应当加强沟通和交流，在竞争中合作，共同促进行业进步和社会进步。

（4）客户关系处理。良好的客户关系可以体现企业组织正确的经营观念和行为，有助于培育成熟的消费者群体和市场，为企业带来直接的利益。

1）了解客户的心理与需求。

2）向客户提供优质、完善的服务。

3）与客户保持畅通的信息沟通。

4）尊重客户权益，合理解决与客户的纠纷。

（5）供应商关系处理。对供应商应以诚相待，本着互惠互利的原则协调相互关系。

（6）新闻媒体关系处理。新闻媒体关系是指企业与大众传播媒体机构（包括广播、电影、电视、网络、报纸、杂志、书籍等）以及媒体人士（包括编辑、记者等）的关系。

与新闻媒体建立良好关系的目的是争取新闻媒体对企业的了解、理解和支持，以便形成对企业有利的舆论气氛，并通过新闻媒体实现与大众的广泛沟通，增强企业对整个社会的影响力。

在新闻媒体关系处理中，企业应努力做好以下几个方面的工作：

1）熟悉新闻媒体，与新闻媒体保持经常联系。

2）支持新闻界人士的工作，及时向新闻媒体提供企业信息。

3）正确对待新闻媒体的批评或误解。

二、投诉处理

随着人们对清洁服务认识的深入，越来越多的客户开始注重保护自身权益，客户投诉也随之变得越来越多。

在清洁服务的过程中，如果出现任何质量或安全的问题，都会产生投诉处理的难题。因此，清洁服务企业要正确处理客户投诉，掌握一定的投诉处理技巧就显得非常重要，否则一次失败的投诉处理，会使以往100次的满意变得毫无价值，如图10—2所示。

图 10—2 失败的投诉处理

比如在大堂地面的清洁作业中，应按照清洁程序的规定做定时巡回清洁，除去地面垃圾、灰尘，并擦去地面污渍、水渍，以保持地面光亮、清洁。但由于清洗人员的清洁作业不到位，地面的水渍未擦干，导致客人滑倒而摔伤，并由此引起了客人的投诉，针对这种投诉，一旦处理不当，会给企业带来很大的经济和声誉损失。

面对客户的投诉务必要做到：

1．处理要及时

对客户的投诉如能及时着手解决，客户就会觉得清洁服务企业重视他们的意见，会比较快地恢复平静。

面对投诉，最忌讳的就是拖延，如果等几天再答复，那么在这段时间内客户就会觉得不痛快，免不了会向他们的同事或亲朋好友诉说一番。拖延的时间越长，他们的气就越大，向别人诉说的机会就越多，对清洁服务企业不信任的人也会随之增多，一件小事可以拖延成大事。所以，即使一时不能解决的问题也要先有回复，告诉对方已经在研究处理。

2．态度要诚恳

遇到客户投诉，不管对方是否有理，首要的是不要让事态扩大，因此，清洁服务企业公关人员都应心平气和，婉转地加以引导，耐心地问明情况。清洁服务企业公关人员要抱着诚恳的态度设身处地为客户着想，理解客户心情，与人为善，宽以待人，尽量减小影响范围。决不能顶撞、争吵，以致把问题闹大。

3．分析要全面

对客户投诉的问题，应该做全面的分析。如果发现该问题具有普遍性，应该尽快通过大众媒介或公关宣传，在较大范围内予以说明。如果提出的问题比较重要，就要认真研究解决处理的对策，以最好的服务予以补救，努力取得客户的谅解，友善解决相关问题。

三、危机处理

公关危机是指由于企业自身或公众的某种行为导致的组织环境恶化的突发性事件及重大问题，使组织公共关系发生变化，组织正常的业务活动受到影响，企业的生存与发展受到威胁，组织形象受到严重损害。

1. 危机的特点

（1）危害性。指危机给社会、企业带来重大损害乃至威胁企业的生存，它是危机的主要特征。

（2）意外性。指危机是由意外突发事件引起的，它的发生出乎企业的预料。

（3）紧急性。指危机的爆发速度很快，允许企业和个人做出反应的时间很短。

（4）公众关注性。突发事件的爆发最能刺激人们的好奇心理，常常成为社会舆论关注的焦点和热点，成为新闻媒体最佳的"新闻素材"。在当代信息媒体的作用下，其传播速度快、传播范围广，因而涉及面非常广，影响巨大。

2. 危机处理的程序

（1）迅速启动危机预案，组建危机处理机构，尽快了解事件真相。

（2）深入现场调查，尽快了解事件真相，分析评估确定决策。

（3）制定危机处理方案，积极处置危机，控制事态发展。

（4）迅速隔离危机险境，控制危机蔓延态势，做好受害公众的安抚救治工作。

（5）启动媒介应对策略，发布正式消息。

（6）进一步加强对危机事件的处置管理，防止危机扩大化。

（7）做好危机善后处理工作，总结经验教训，尽快恢复企业形象。

3. 危机处理的对策

危机处理的对策包括对企业内部的对策、对受害者的对策、对上级主管部门的对策以及对新闻界的对策。

（1）对企业内部的对策。首先要让企业员工了解事故的真相，迅速而准确地把危机的发生和将要采取的对策告知员工，获得企业内部的支持和谅解，号召员工团结协作、共渡难关。其次要保持镇定，果断处置危机，安抚救治受伤员工。

（2）对受害者的对策

1）迅速开展受害公众的安抚救治工作。

2）认真了解受害公众的受损情况，并诚恳道歉，给受害人以同情、安慰、关心和补偿。

3）耐心而冷静地听取受害者的意见和要求。

4）实事求是地承担责任，做出赔偿损失的决定。

5）尽量满足受害人及其亲属的要求，避免发生不必要的争执，防止事件扩大化。

（3）对上级主管部门的对策

1）事故发生后，及时、主动地向上级主管部门汇报事态的发展，以求得到上级主管部门的指导与帮助。

2）如果媒体报道是失实的，更要主动与主管部门沟通，并请求政府支持。

3）对事件的处理经过、解决方法和今后的预防措施要及时总结并向上级主管部门详细报告。

（4）对新闻界的对策

1）与媒体主动沟通，主动向新闻界提供事实真相和相关信息。

2）指定新闻发言人，并实事求是地回答媒体问题。

3）监测报刊、电视、电台和互联网对危机的报道。

4）借助新闻媒体表达企业的歉意。

4．危机的善后处理

（1）消除负面影响。企业要给予伤者就医、亡者抚恤。

（2）持续与新闻媒体加强联系，保持与公众的信息沟通顺畅。

（3）开展塑造企业形象的公共关系活动。这样既能体现企业的社会责任感，又能获得更多的公众支持。

（4）进行认真而系统的总结。危机发生后，企业要对危机发生的原因、相关预防和处理的全部措施进行系统的调查。对危机管理工作进行全面的评价。对危机涉及的各种问题综合归类，分别提出整改措施，并责成有关部门逐项落实。

单元练习题

一、判断题（判断下列各题的对错，并在正确题后面的括号内打"√"，错误题后面的括号内打"×"）

1. 公共关系由社会组织、公众和传播与沟通三个基本要素组成。　　　（　　）

2. 服务性公关的目的是以优质的服务来赢得社会好评，建立良好的组织形象。

（　　）

3. 正确处理客人投诉不需要掌握一定的投诉处理技巧。　　　　（　　）

二、问答题

1. 公共关系的职能有哪些？

2. 企业公共关系管理的主要内容有哪些？

3. 危机具有哪些特点？

单元练习题答案

一、判断题

1. √　2. √　3. ×

二、问答题（略）

第十一单元　清洁服务培训管理

Chapter11　QINGJIE
FUWU PEIXUN GUANLI

第一节　培训概述

　　清洁服务培训是指清洁服务企业为开展业务及培育人才的需要，采用各种方式对各层级管理人员和清洗人员进行有目的、有计划的培养和训练的管理活动。

　　随着现代社会的发展，清洁行业的发展也呈现出许多新的态势。首先，社会环境的变化，现代社会各行业社会分工愈加向精细化、专业化、个性化发展，这不仅催生了清洁服务行业，更推动着清洁服务向专业化发展。其次，随着社会科技的突飞猛进，新的建筑材料、装饰物，新的清洁设备、清洁剂等层出不穷，因此，要求清洗人员及时了解新材料、装饰物的清洁方法，及时掌握新技术、新设备的使用方法。最后，随着社会的全面发展，人民生活水平的不断提高，消费者对服务的标准不断提升，因此要求清洗人员必须具备良好的人文素质和技术素养才能满足消费者需求。

一、培训目的

　　培训是清洁服务企业在人力资源管理与开发、项目管理与服务过程中的一项重要工作。培训的目的是使员工不断地更新知识，提升技能，改进员工的动机、态度和行为，以适应新的要求，更好地胜任现职工作或担负更高级别的职务，从而促进企业效率的提高和企业目标的实现。

1. 导入和定向

　　引导新员工进入企业，熟悉和了解工作职责、工作环境和工作条件，并适应企业外部环境的发展变化。

2. 提高员工素质

　　员工要满足现代企业人力资源的要求，必须参加培训，接受继续教育。员工通过科学合理的培训，在知识、技能、效果和态度等方面得到提高，为其进一步发展和担负更大的职责创造条件。

3. 提高绩效

员工通过培训，可在工作中降低因失误造成的损失，减少各类事故的发生。同时，通过培训获得新方法、新技术、新规则，提高员工的技能，使其工作质量和工作效率不断提高，从而提高企业效益。

4. 提高企业素质

员工培训除了能够提高员工的知识和技能外，另一个重要目的是对于具有不同价值观和信念、不同工作作风及习惯的人，按照时代及企业经营要求，进行文化养成教育，以便形成统一和谐的工作团队，使企业劳动生产率得以提高。

5. 提高各层级管理人员的素质

通过培训，提高管理人员的思想素质和管理水平，使其更新观念，改善知识结构，适应组织变革和发展的需要。

二、培训类型

员工入职之后，面临诸如企业文化、专业知识和工作技能等相关的培训。培训内容有很多，形式也各种各样，一般按如下方式进行分类：

1. 从解决实际问题出发进行分类

一般是将培训内容划分为知识、技能和态度，见表 11—1。

表 11—1 培 训 内 容

培训内容	说明
知识	对概念、术语、产品、服务、规章制度等的介绍，可以促进学员对实际学习理论的掌握，并能够在一定程度上扩大知识面
技能	涉及生产与服务的实际作业和操作能力，这部分内容要求学员自己实践，能够及时发现不正确、不规范的动作，并及时予以改正
态度	观念、意识的改变，言行、心态的改变

2. 以培训的性质进行分类

（1）新员工入职培训。培训内容主要包括介绍企业概况、企业主要规章制度、员工岗位职责、安全操作规程以及员工福利待遇等。

（2）员工职业素质培训。包括行业信息、职业道德教育、工作准则与纪律、基本职业要求等。

（3）岗位技能培训。这是为了能够胜任所从事岗位工作，对所从事岗位所需要的专业技能进行的培训。

3. 按员工进入企业的不同阶段进行分类

（1）入职培训。入职培训是针对引进或聘入企业的新员工所组织的培训，也叫适应性培训，是新员工走上岗位必须接受的培训工作，入职培训不合格的员工不能走上工作岗位。入职培训的目标是使新员工了解企业的规范、价值观、行为准则以及所从事工作的基本内容及方法，从而帮助新员工尽快适应新环境和新岗位。

入职培训的时间应根据员工素质条件决定，一般为 2～5 天。

1）培训内容

①企业概况、发展历史、发展规划及企业发展愿景。

②企业的管理模式、经营理念、组织结构及情况介绍。

③企业的核心价值观、企业文化和团队精神等。

④企业的各种规章制度、岗位职责、工作程序及质量标准与要求。

⑤员工的道德规范、行为准则、劳动纪律、行为规范，仪容仪表等。

⑥简单清洁设备、工具和清洁剂的使用等。

⑦清洁服务现场的作业安全、消防安全等的教育以及紧急突发事件的应对。

2）培训方式

①举办专题报告会。

②播放有关的音像视听资料。

③提供有关规章制度和相关文件的资料，由新员工自行阅读。

④组织新员工到企业办公区域、清洁服务现场以及生活区域等参观。

⑤组织有关活动训练，对纪律、制度等方面的知识考试检查。

3）注意的问题。应根据培训对象和从业岗位的具体情况决定培训的内容、重点和方法。如对于应届毕业生及没有工作经历的人员，应将培训的重点放在基础知识方面；对于有一定经历和工作经验者，则将培训的重点放在本企业的企业文化、工作程序等方面，消除其在以往工作经历中消极经验的影响；如果是进入企业将担任重要岗位的人才，应将培训的重点放在工作方法和管理层面上，而且培训工作应尽量由企业高层管理者来进行。

（2）在职培训。清洁服务企业的在职培训按照培训对象可分为管理人员培训和清洗人员培训。其中管理人员培训主要是通过对知识、技能和观念的培训，增强管理者的责任感和团队凝聚力，提高处理复杂问题的能力，使企业的宗旨信念、价值观得到顺利贯彻；而清洗人员的培训则通过对知识、技能、心态的培训，端正工作态度，增强团队意识，提高实际动手能力，从而提高工作绩效。

按照清洁服务企业培训的内容，在职培训又可分为岗位技能培训、专业知识提升培训、岗位转换培训。

1）岗位技能培训。岗位技能培训是对已经上岗工作的员工所进行的培训，是根据其从事的工作专业所进行的经常性培训。岗位技能培训的目的是不断提高员工与具体工作的相融性，提高工作绩效。

◆ 培训内容。岗位技能培训的内容要因人而异，首先可通过绩效评价分析，找出员工工作绩效不佳的技术性因素，包括知识、技能的不足，对工作程序、方法、指令的误解等，进而确定培训的具体内容。

◆ 培训方式。可根据企业的条件采取多种方式，如学术交流、专题讲座、案例研讨、示范与实操、专业人员引领等。

◆ 注意的问题。岗位技能培训是经常性的工作，只要企业的清洁服务活动在运行，这种培训就不会完结，企业可根据一定的目标要求来划分培训阶段，确定培训层次。在培训的时间安排方面可灵活些，不必规定固定集中的时间，只要发现不足，随时可以组织培训。

2）专业知识提升培训。专业知识提升培训是一项动态性的工作，是企业为使员工能够提高各种专业领域里的新知识，以适应当前科学技术的快速发展而组织的相关学科知识培训。专业知识提升培训的目的是使企业各方面的专业人才技术能力和知识水平，能够跟上科学技术发展，以便迎接新的挑战。

◆ 培训特点。专业知识提升培训是一种具有宏观战略性的活动。当行业出现新知识、新理论、新技术、新方法、新工艺时，企业应迅速捕捉相关知识，在收集与研究之后，对专业技术人员开展培训。

◆ 培训内容。专业知识提升培训的内容具有针对性、实用性。一方面，培训内容应根据专业技术岗位的需要和专业技术人才的知识结构缺陷来确定；另一方面，培训内容应反映有关学科、专业或技术领域的最新成果和发展趋势，为专业人才提供必需的知识储备。

◆ 培训类型。培训对象可分为初级专业人才、中级专业人才和高级专业人才三个层级，各层级的培训内容、范围、深度、目标、方式等应有所不同。培训的类型可分为知识补充型、知识扩展型、知识创新型等。

3）岗位转换培训。这是针对员工因工作需要从原岗位转换到新岗位时所进行的培训活动，其目的是使员工尽快地掌握新的工作技能，以适应新的工作环境。

◆ 培训类型。岗位转换培训有主动式转岗培训与被动式转岗培训。前者是企业根据对岗位设置变化的预测，提前对需要转岗的人员进行转岗培训；后者是在人员已经从原岗位转到了新岗位之后，被动地对一些人员进行转岗培训。

◆ 培训特点。在市场经济条件下，企业的经营活动，常常会因外部环境的变化而进行调整，所以岗位转换日益频繁，企业对以上两种类型的岗位转换培训均要做出相应的策划与安排。为了尽快达到培训目标，必要时可借助企业外部的培训力量，以提高培训的效率。

◆ 培训方式。主动式转岗培训由于在时间上有提前期，可采取脱产、半脱产或不脱产（用业余时间）方式进行培训。被动式转岗培训，由于时间有限，只能将培训强度加大，最好采用全脱产方式进行。

三、培训方法

培训方法应与培训内容相对应，常用的培训方法与培训内容的对应关系见表11—2。

表 11—2　　　　　　　　　　培训方法与培训内容的对应关系

培训内容	培训方法
知识类	讲授法、案例研讨法、学术交流法、网络学习法等
技能类	讨论法、专题讲座法、视听技术法、示范与实操法等
态度类	调查问卷法、户外训练法、角色扮演法、小组讨论法、游戏模拟法、经验练习法等

常用的培训方法有讲授法、案例研讨法、学术交流法、网络学习法、讨论法、专题讲座法、视听技术法、示范与实操法等。

1. 讲授法

如图11—1所示，讲授法属于传统的培训方式，常被用于一些理念性知识的培训。其优点是便于培训师控制整个过程；缺点是单向信息传递，反馈效果差。

图 11—1　讲授法

2．案例研讨法

如图 11—2 所示，案例研讨法通过向学员提供相关的背景资料，让学员寻找合适的解决方法。这种方法的优点是可以帮助学员学习分析问题和解决问题的技巧，能够帮助学员确认和了解不同解决问题的可行方法。这种方法的局限性在于需要较长的时间，与问题相关的资料非常重要，收集这些资料有一定难度，如果资料不典型往往会影响分析的结果。

235

图 11—2　案例研讨法

3．学术交流法

如图 11—3 所示，学术交流法是指针对清洁服务项目，为了交流技术、经验及成果，共同分析讨论解决问题的办法，而进行的探讨、论证和研究活动。学术交流可以采用座谈、讨论、演讲、展示及发表成果等方式进行。

图 11—3　学术交流法

4．网络学习法

如图 11—4 所示，这是一种新型的计算机网络信息培训方式，投入较大。但由于使用灵活，符合分散式学习的新趋势，节省学员集中培训的时间与费用。这种方式信息量大，新知识、新观念传递优势明显，更适合各层级管理人员的培训。因此，特别为实力雄厚的企业所青睐，也是培训发展的一个趋势。

图 11—4　网络学习法

5．讨论法

讨论法的特点是信息交流方式为多向传递，学员的参与度高，多用于巩固知识，训练学员分析、解决问题的能力与人际交往的能力。运用时对培训师的要求较高，如图 11—5 所示。

图 11—5　讨论法

6．专题讲座法

在专题讲座中，中途或会后均允许学员与培训师进行交流沟通。优点是信息可以多向传递，与讲授法相比反馈效果较好，如图 11—6 所示。

237

图 11—6　专题讲座法

7．视听技术法

如图 11—7 所示，通过现代视听技术（如投影仪、DVD、录像机等设备），对学员进行培训。优点是运用视觉与听觉的感知方式，直观鲜明。但学员的反馈与实践较差。它多用于企业概况、传授技能等培训，也可用于概念性知识的培训。

图 11—7　视听技术法

8. 示范与实操法

示范与实操法的培训是通过准备与告知、示范与呈现、观察与实操、提问与说明以及检查与追踪等步骤来进行的。准备与告知的内容包括准备培训所需的清洁设备、工具、清洁剂等，告知学员学习的内容、重要意义以及培训后将取得的成果。通过培训师示范设备、工具的正确操作程序，边操作边讲解。让学员自己动手操作，培训师在一旁观察学员的操作，发现错误立即给予纠正和正确指导，再次示范特定步骤，如图 11—8 所示。在学员实操的同时，使用开放式的问题进行提问，要求学员说明每一个步骤，并复述操作要点。

图 11—8　示范与实操法

四、培训对象

清洁服务企业培训要针对员工的年龄、文化背景、工作背景等特点和需求，充分考虑员工学习能力和理解能力的差异，因人施教，采取循序渐进，以案例、实际操作、视听为主，理论讲授为辅的培训方式。

清洁服务企业的培训对象是各层级管理人员和清洗人员，他们的培训需求和特点各有不同。

1．清洁管理师

清洁管理师是指掌握清洁原理、技术、方法、工具，参与或领导启动、计划、组织、执行、控制和收尾过程的活动，确保清洁项目在规定的范围、时间、质量与成本等约束条件下完成既定目标的各层级管理人员。

清洁管理师的培训以提升职业素养和管理能力为主，在培训的过程中，要引导学员主动参与培训，进入自主学习情景之中，强化内容与实践的联系，把清洁服务工作的现场管理内容纳入培训之中，通过交流和讨论，得出清洁服务现场管理的解决方案。

目前的清洁管理师培训主要有初级清洁管理师培训和中级清洁管理师培训。其中初级清洁管理师的培训对象是主管及领班，培训定位为操作层。中级清洁管理师的培训对象主要是项目经理，培训定位为督导层。

2．清洗人员

清洗人员的培训以提高服务技能和服务质量为目标，在培训过程中，主要采取实际操作方式进行。清洗人员应将培训中所学到的知识和技能应用到清洁服务工作中去。

第二节　培训管理概述

随着现代清洁服务企业的发展，员工学习培训的需求也越来越迫切。因此，培训管理在企业的管理中更为重要。

239

一、清洁服务企业培训的管理原则

1. 必须坚持专业技能培训与思想教育培训相结合的原则

对各层级管理人员和清洗人员进行专业技能培训，提高管理能力、清洗效率和质量，这是非常必要的，但绝不能忽略了思想教育这一方面。员工的价值观、思想意识均会影响到工作的态度和行为，尤其是对新员工，更要加强企业的宗旨、理念、纪律、制度培训，使其能适应企业文化并在团队中协调工作、尽快融入企业的团队中。

2. 必须坚持理论联系实际的原则

开展培训工作必须要明确"学以致用"，培训是为了提高员工在清洁服务中解决具体问题的能力。因此培训要针对企业经营和管理的需要来策划培训内容和方式、方法，使培训对企业经营活动产生实质性的效果。

3. 必须坚持当前需求与长远需求相结合的原则

培训组织者除了要注意企业当前清洁服务工作中需要解决的问题，使培训工作做到为清洁工作服务之外，还应当有超前意识，考虑到企业的发展和未来的需求，变被动培训为主动培训，这对企业发展将会产生积极作用。对于各层级管理人员，通过培训不仅能够提高目前管理工作水平，还要使之更新观念，改善知识结构，适应组织变革和发展的需要，为后期的升职打下基础。对于清洗人员，应进一步提高清洁服务的技能，面对清洁服务中不断涌现的新设备、新工具、新工艺，开展新设备和新工具操作使用、新清洁剂使用及新清洗工艺等方面的培训，使清洗人员能够随时迎接未来的挑战。

4. 必须坚持培训与工作相兼顾的原则

企业在安排员工培训时要注意安排好日常的清洁服务及其管理工作，不得因培训影响企业经营活动的正常运转。在时间上要避开清洁服务的高峰期，在培训项目的安排上，也要根据企业的能力做出妥善安排。要从企业整体出发，综合考虑企业的培训任务及相关因素，做到统筹兼顾，分清轻重缓急，使培训工作与正常经营两不误。

240

二、清洁服务企业培训的有效管理

1. 有效培训必须具备的因素

（1）有组织的培训团队。企业自上而下有组织的培训团队是有效培训的重要保障，团队根据企业发展需求确立培训项目、目标、计划、职责、实施，并进行有效追踪考评，才能使培训真正做到满足企业发展需求。

（2）系统性的培训过程。系统性的培训过程包括两个方面：一是员工进入企业后，根据企业的发展方向和个人的职业生涯规划制定完整的培训规划；二是根据企业特性，制定系统的培训课程体系、培训组织实施体系以及培训管理体系。

（3）排定培训时间。实现有效培训，必须根据培训内容、培训对象实际工作性质排定切实可行的培训时间，从而使培训能够切实落实。

（4）有效的追踪考评。对培训的追踪考评是确保培训有效实施的重要手段，只有通过对培训的有效追踪才能保证培训的切实落实，只有通过有效的培训考评才能保证培训的效果。

（5）全员参与。培训的目的在于提高企业全体员工的综合素质与工作能力，所有人员都应充分认识培训工作的重要性，从管理层到员工层都要积极参加培训，不断学习进步。

（6）建立培训制度与流程。包括以下五个方面的内容：

1）制定严格的培训制度。

2）明确培训流程。

3）明确培训师的权责。

4）建立培训奖励机制。

5）建立培训档案。

（7）与企业需求相结合。培训工作要贯穿岗前、在岗、转岗、晋职的全过程。在培训内容上，要把基础培训、素质培训、技能培训结合起来。

2. 有效培训中对个人和企业的要求

（1）对个人的要求

1）经过培训后，向客人提供最高水平与标准的服务，为企业创造高水平的营业额和利润。

2）自觉发挥积极主动性，将培训成果转化到岗位工作中，提升服务的内在质量。

3）学会分享，向同事和潜在的本岗位接班人分享培训内容和经验。

（2）对企业的要求

1）坚持不懈地提供高品质训练与培训。

2）为员工提供帮助，使其适应企业的工作岗位。

3）提供训练机会，使每个人达到自我成长和发展的目标。

3. 有效培训的作用

良好、有效的培训是企业和员工双重受益的活动，是一种最有价值的双赢投资。培训会促进企业与员工的共同成长。

（1）对员工的作用。能够提高员工的素质、能力和技能技术水平，提升个人竞争力，增强员工对企业的归属感和责任感，提高员工的工作积极性和创造性。

（2）对企业的作用

1）提高清洁服务的工作效率和经济效益，确保企业经营目标的实现。

2）提高对客人的服务质量，增强企业的市场竞争力。

3）为企业后续发展储备人才。

4）提高企业凝聚力，降低企业员工离职率。

5）增加清洁作业的安全系数、减少各类事故的发生。

6）可以维持清洁设备的正常使用、减少损坏，正确使用清洁剂等，降低服务与管理成本，进而降低企业的经营成本。

第三节 培训的组织实施

一、培训管理制度

1. 培训管理制度的目的与作用

企业要使员工不断适应新形势的发展要求，在竞争中保持人力资源的优势，需要不断提升员工的知识和能力水平，通过培训使员工的素质得到提高，确保其价值观念正确、工作态度端正、工作行为适当，在自己现岗位或拟任岗位上创造出更大的价值。

为此，企业必须重视对员工的培训工作，并以制度化加以保障。

制定培训管理制度是为了系统地规划培训管理工作，提高培训质量以及规范培训行为。

企业人力资源部或培训部门是员工培训归口管理的责任部门。培训管理部门要根据企业经营发展战略、企业生产经营（服务）要求和员工素质水平等因素，分析和预测员工职业培训需求，制订培训计划，加强培训实施的管理，做好每次培训的效果评估，不断总结经验，使企业人力资源工作不断优化，并做出特色和成效。

2．培训管理制度的内容

企业对员工的培训必须常态化、制度化，这样有益于企业管理，有利于促进企业工作，有利于提升员工的向心力。企业在创设培训管理体系时，一般不可忽视以下几个方面：

（1）员工培训在企业中的地位和作用。

（2）员工培训计划的制定方法。

（3）培训的组织管理方法。

（4）培训效果的评价与分析。

243

二、培训计划的制订

1．前期调研

（1）做好企业员工素质方面的普查，切实掌握员工思想与行为表现情况，以及文化、技术和管理等方面的现有水平。

（2）对企业短、中期内的生产和技术发展情况进行了解或预测。

（3）对企业在短、中期内对各种人员的需要数量进行预测。

（4）了解岗位和员工对培训与发展的要求。

（5）了解企业在培训方面的条件和能力，包括培训师资、培训资料和教材、培训设备及经费等。

2．制订部门年度员工培训计划

每年年初各部门根据本部门年度工作目标的要求，结合本部门员工的能力水平及员工职业生涯发展的需要，由部门主管制订部门员工全年培训计划，按企业要求的时间上报到人力资源部门。

3．制订企业年度员工培训计划

（1）排定培训计划表。企业人力资源部或培训部门应根据企业全年工作目标和经营发展方向，结合各部门的年度培训计划及各部门运行状况的分析，制订企业年度员工培训计划及分阶段实施进度表，按企业要求的时间上报总经理，经审批同意后执行。

排定培训计划表，是管控培训进度、督促所有与之有关人员按要求工作的有效方法，见表11—3。

表 11—3　　　　　　　　　年度员工培训计划表（示例）

年度：_____

培训时间	培训内容	培训对象	培训方式	费用预算	备注

制表：_____　　　审核：_____　　　批准：_____

（2）企业年度员工培训计划及管理。针对每一个培训项目，企业要制定出具体的目标、形式和内容，确保培训工作的质量和目标贯彻。

1）培训目标。培训目标指的是希望达到的培训结果。在制定出总体目标后，还应将总目标分解成若干个分目标，并根据各个分目标的要求，制定若干个相应的培训项目，使员工培训的总目标分段化、具体化。

2）培训形式。根据培训的项目和对象来确定具体的培训形式。如哪些项目适宜全员培训，哪些项目只需相关人员培训；又如哪些人员进行在职培训，哪些人员进行脱产培训等。

3）培训内容。根据调研情况确定培训内容，并根据适用的培训形式，最终形成培训计划的细节。这里要强调的是，培训计划一定要可操作，否则会难以落实。

4）培训组织。包括确定各培训项目的时间、地点，培训教材以及培训方法等。

5）经费的预算。根据培训的形式、内容、方法等各方面的因素加以考虑，并按不同的培训项目列出预算表。

（3）项目培训实施中须注意的几个问题

1）选择与培训内容相匹配的培训师。

2）预先做好与培训师的沟通交流工作，尽可能地让培训师了解学员的相关情况。

3）尽早让学员预先了解培训的时间、地点、宗旨、内容等信息，让学员有准备地参与到学习中来。

4）根据培训内容，预先对培训结果进行评估，并对需要学员带回工作岗位的有关知识进行梳理，以便在课程总结中，交代给学员，促进学习与知识转化的效果。

245

三、培训的组织工作

1. 建立培训师队伍

培训师队伍建设是根据培训项目的具体内容、要求和培训对象来进行的。既具有某方面的专业知识，又具有丰富实践经验的培训师是搞好培训的关键。

培训师可以从本企业内部选拔，如高层管理者、中层管理者、技术骨干以及具有一技之长的员工，也可以到企业外部去选聘。

为保持培训师队伍的相对稳定性、保证培训质量的高水准，还应建立培训师的激励机制，如等级课酬、机会优先、淘汰机制等。

2. 做好培训教材的准备

培训教材一般由培训师来确定。培训教材的来源一般有公开出版发行的培训教材、企业编制的内部培训讲义和培训师自编的讲义。不论何种材料，均要符合培训的目标要求，同时还应考虑到学员的文化层次与接受能力。

3．做好培训前的宣传引导工作

要使培训工作取得好的成效，还必须对学员进行引导，使他们对培训产生的积极性成为自发的要求和自觉的行动。在每次培训活动之初，应使学员了解和明确培训的目的、要求、具体内容和程序，只有这样，才能使培训的目的和要求得以实现。

4．选择合适的培训方法

为了达到培训的综合效果，拓宽培训方式，企业可以采用多种多样的培训方法，如案例分析法、讲授法、读书法、工作指导法、模拟训练法、示范教学法等。在实践中具体选用何种方法，培训组织者应科学、合理地把握。总之，培训方法一定要能调动学员的学习积极性，要有助于企业目标、培训目标的实现，要能使学员所获得的知识、技能迅速运用到实际中去。

5．加强对培训过程的监控管理

在教学过程中，培训管理者还要行使好监控职能，要紧紧抓住培训目标的大方向。要注意观察、善于观察，发现问题及时纠偏。负责培训的人员要与培训师进行沟通，包括了解培训内容、培训进度与培训方案是否相符；同时，还应与学员及时交流，了解真实的反映，以确保培训质量。

6．加强对培训过程的事务管理

要保证培训工作顺利而有效地进行，应抓好以下事务性工作：

（1）培训地点的选择、布置等方面的工作。

（2）对培训中的吃、住、行等各类事项的安排，以及与培训师的工作对接。

（3）根据经费预算，对每次培训过程实际经费的控制把握。

（4）做好完整的培训工作记录。

（5）提供临时需要的培训设施。

（6）处理培训过程发生的各种矛盾，协调有关方面的关系。

（7）管理好培训的各种文件、教材、资料及各种工具、用具、设施等。

7. 加强培训过程中的学员管理

（1）对脱产集中培训的学员应做好考勤管理。

（2）要尽力帮助学员克服培训中遇到的困难，尤其是文化、能力相对低的人员。

（3）要了解学员的思想状态，树立他们的自信心。

（4）尽量照顾不同文化水平学员的实际能力，尽量安排水平相近的员工一起参加培训，综合、合理设计课程，进度要适当，学习时间要充足。

（5）培训的内容应尽量与学员已有的知识、技能相联系。

（6）学员在学习过程中有失误，培训师要有耐心，不要过分斥责，注意工作方法。

（7）抓好培训期间的劳动纪律管理。

四、职业培训的策划

策划，不但要计划过程，还要注重结果。也就是说，规划培训项目时，必须对结果进行预测，并为实现这个结果而计划培训过程。

一般企业常见的软性培训（如企业精神、经营理念、制度文化等）和硬性培训（如岗位技能、专业知识等）都是有目的的培训。为此，根据不同的培训目的，其内容各有侧重。

1. 对新员工的职业培训

对新进企业的员工，特别是从学校直接进入企业没有工作阅历的人员，职业培训可安排较长的时间，新员工才能逐步进入角色，对新员工的职业培训一般要经过以下几个阶段：

（1）入职教育。熟悉企业环境，了解企业规章制度及各方面基本情况。培训时间一般为2～5天。

（2）业务教育。熟悉各生产要素知识，逐步融入企业，学会工作程序、安全技术知识，适应劳动条件与环境。培训时间可设为1周左右。

（3）专业训练。对各个岗位工作的专业知识、生产技能、实际操作方面进行入门训练与学习。培训时间视技术难度而定。

（4）现场实习。在师傅带领或内行人员指导下，进行实际的生产活动。培训时间直到能够离开师傅的指导可以独立操作为止。

247

新员工的职业培训除以上基本内容外，还应重视集体生活、耐力、抗压能力、团队协作、礼仪等方面的训练。

2．对一般在职人员的职业培训

一般在职人员的范围大、层级多、专业门类复杂，要根据各岗位业务的技术难度、岗位人员的素质情况以及企业长期目标的需要来细心策划培训的内容与方法。在时间安排上可长可短，要灵活掌握。策划时要注意以下几个方面：

（1）职业培训内容为提高工作能力和水平所需强化的知识、技能及本岗位的新知识、新技能等。

（2）培训部门应建立学员的文化、技术、能力方面的档案资料卡，培训要从长计议，根据学员实际情况，设立培训目标，要系统地、分阶段地逐步实施培训。

（3）可实行集中培训与自学相结合的方式。集中培训应分高级、中级和初级不同层次的培训。采用自学方式时，可由企业将统一的培训教材发到学员手中。自学完成后由企业组织考核，以检查自学效果。

（4）尽量采用与工作业务相关联的案例进行培训，以提高培训的实用性。

（5）对于要求持证上岗的特种作业人员的培训，企业如果培训条件不具备，可委托有专业培训条件的单位代为培训。

3．对中层管理人员的职业培训

企业各部门的中层管理人员是连接企业高层与基层之间的纽带，是企业经营思想、战略目标和经营计划的推行者和落实者。中层管理人员的素质高低，是企业计划能否实现的重要条件。因此，中层管理人员的培训重点应放在素质提升和工作方法方面，具体如下：

（1）管理基本知识（主要是组织行为管理）。

（2）管理指挥工作（计划、指令、控制、协调、督查等）。

（3）管理能力开发（发现问题、分析问题、解决问题）。

（4）对下级的指导（目标分解、作业训练、工作规范）。

（5）人际关系处理（思想工作方法、激励手段运用、情感调动等）。

（6）工作方法改进（制度化、程序化、标准化及各项基础工作的规范化）。

4．对高层领导人员的职业培训

企业高层领导人员的管理行为决定着企业的生死存亡。随着人们对市场经济理论认识理解的不断深化，作为高层管理者，要重点掌握市场竞争对企业的要求。除了通过一定的理论课培训之外，主要是前瞻性知识与信息的学习、工作经验的交流和总结，当然更多的是靠自我学习、自我完善。

五、培训效果的评价与分析

员工培训工作必须讲求实效，因此，要对每个培训项目进行效果评价，要及时发现问题，改进培训工作，增强培训效果。

1. 培训效果的评价方法

培训项目结束后，向学员发放培训效果调查表（见表11—4），对培训师进行评价。

表 11—4 　　　　　　　　　　　　　培训效果调查表

培训师	
课程内容	
时间地点	

请按以下内容说出你的看法。

1. 课程是否有讲授必要：非常必要□　　尚可□　　不必要□

2. 对课程内容是否满意：很满意□　　一般□　　不满意□

3. 是否听懂了课程内容：清楚□　　似懂非懂□　　不懂□

4. 授课方式如何：很好□　　可以□　　不好□

5. 听后感觉效果如何：很充实□　　一般□　　空洞□

6. 你很感兴趣的地方是：

7. 应当重点讲授的地方是：

8. 你认为需要改进的地方有：

填表人：_____ 　　　　　　　　　　　　　　　____年____月____日

通过对反馈的信息进行汇总和分析，及时对培训工作进行有效调整。

2．培训效果的评价标准

（1）学员对培训过程的总体感受如何。

（2）培训的考核成绩好、中、差的比例。

（3）培训所带来的工作行为是否发生变化。

（4）培训后所产生的与生产和工作等有关的行为后果，如效率、效益是否得到了提高等。

3．影响培训效果的因素分析

（1）培训教材内容与学员接受能力之间的适合度。

（2）培训师的传授能力与学员的领悟能力之间的差异。

（3）组织者对培训的方式、方法选择是否正确。

（4）培训进度与学员需要消化的时间是否协调。

（5）学员对培训活动的参与态度、学习态度如何。

如果培训的效果达不到培训的目标，应从以上各因素中去找出问题的症结，采取措施，尽可能让员工培训达到理想的效果。

单元练习题

问答题

1. 清洁服务企业培训的管理原则有哪些？

2. 岗位技能培训的内容有哪些？步骤是什么？

3. 有效培训中对个人和企业的要求有哪些？

单元练习题答案

问答题（略）

培训等级与培训内容对照表

教材内容		适用的培训等级	
第一单元　清洁服务行业概述		初级	中级
第二单元　管理基础		初级	中级
第三单元　清洁服务现场管理		初级	
第四单元　清洁服务项目管理			中级
第五单元　清洁剂管理		初级	中级
第六单元　清洁服务设备及工具管理		初级	中级
第七单元　清洁服务安全生产管理	第一节　安全生产管理基础	初级	中级
	第二节　现场安全操作规程	初级	中级
	第三节　安全教育与检查	初级	中级
	第四节　安全生产应急预案	初级	中级
	第五节　事故调查与处理		中级
	第六节　职业健康安全管理体系		中级
第八单元　专项清洁管理			中级
第九单元　清洁服务礼仪管理		初级	
第十单元　公共关系管理			中级
第十一单元　清洁服务培训管理	第一节　培训概述	初级	中级
	第二节　培训管理概述	初级	
	第三节　培训的组织实施		中级